0~3岁的
60个科学育儿常识

吃好
睡好
不生病

C妈杨南南 ／ 著

中国妇女出版社

图书在版编目（CIP）数据

吃好睡好不生病：0～3岁的60个科学育儿常识 ／ C妈杨南南著． —— 北京：中国妇女出版社，2022.3
ISBN 978-7-5127-2080-0

Ⅰ.①吃… Ⅱ.①C… Ⅲ.①婴幼儿－哺育－基本知识 Ⅳ.①TS976.31

中国版本图书馆CIP数据核字（2021）第271219号

吃好睡好不生病——0～3岁的60个科学育儿常识

作 者：	C妈杨南南 著		
责任编辑：	朱丽丽		
封面设计：	末末美书		
责任印制：	李志国		
出版发行：	中国妇女出版社		
地 址：	北京市东城区史家胡同甲24号	邮政编码：100010	
电 话：	（010）65133160（发行部）	65133161（邮购）	
网 址：	www.womenbooks.cn		
法律顾问：	北京市道可特律师事务所		
经 销：	各地新华书店		
印 刷：	天津光之彩印刷有限公司		
开 本：	145×210 1/32		
印 张：	9		
字 数：	220千字		
版 次：	2022年3月第1版		
印 次：	2022年3月第1次		
书 号：	ISBN 978-7-5127-2080-0		
定 价：	49.80元		

目 录

Part 1
你的宝宝每天都吃好了吗

Part 2
你的宝宝每天都睡好了吗

Part 3
你的宝宝生长发育落后了吗

Part 4
若想宝宝不生病，该如何预防和护理

Part 1
你的宝宝每天都吃好了吗

为什么宝宝总要吃？

为什么4~6个月最容易出现厌奶？

如何科学地断奶？

母乳妈妈生病了能不能吃药？

母乳妈妈回归职场，宝宝不接受奶瓶怎么办？

宝宝1岁半了，还要喝配方奶粉吗？

添加辅食可以加盐吗？

为什么要给宝宝准备手指食物？

1岁以下的宝宝可以喝果汁吗？

奶瓶到底该用到多大？

母乳喂养，没你想的那么简单

母乳喂养，在外人看来，真的是太简单了！但是，以为有了奶就能实现母乳喂养，从此高枕无忧的新手妈妈们，千万不要太天真！母乳喂养，实际上一点都不轻松，远不是塞塞乳头那么简单。来看看母乳妈妈常常会掉的几个"坑"。

明明刚刚喂过，为什么还是哭

奶粉相较于母乳有一个优势，那就是成分始终如一，宝宝通常都能一次性吃饱。而母乳因为妈妈的身体素质差异，以及饮食和睡眠这些外界因素对于乳汁量以及乳汁营养的影响，单是乳汁分泌的时段不同，成分也大不一样。当宝宝开始吸吮后，最初的5~10分钟，乳汁中会包含一种富含乳糖的水状的物质，可以给宝宝消渴。而且含有大量的催乳素，可以促进宝宝睡眠，所以很多宝宝会在进食10分钟之后就昏昏欲睡。接下来的5~10分钟，开始分泌富含高蛋白的液体，这对宝宝的骨头和大脑的发育都有好处。15~18分钟之后，分泌出的就是富含高热量脂肪的黏稠乳脂状乳汁，能够帮助宝宝增加体重。

宝宝的进食习惯常常是：每顿都吃一点点，吃得很频繁。正确的喂奶方式是，每次先吃一侧，吃空之后，下次再换另一侧。如果宝宝吃几分钟就睡着了，他可能只是陷入了催乳素造成的昏睡中，也许睡20分钟就醒了，不仅因为催眠的功效过劲儿了，还因为宝宝又饿醒了。

这时候很多妈妈不能理解，明明刚刚喂过呀，宝宝就算坚持不了2小时，1小时总可以吧。肯定是因为其他原因，尿了？不舒服了？为什么还是一直哭？没办法了，那抱一抱吧，边走边摇，宝宝终于睡了，准确地说应该是宝宝哭累到无力反抗睡着了。所以，他肯定还是睡不长的，哄睡1小时，睡眠5分钟，这到底想要干啥？

我们总在强调，要让宝宝吃得有效率，反对有事没事吸上两口的零食奶。那怎么吃才算有效率？母乳喂养有没有什么可以量化的标准？答案是：有！虽不如奶粉喂养那么清晰明了，但即便是母乳也有大概的参考标准。

1.多长时间喂一次更合适

如果宝宝出生时体重达到了3kg以上，那么在最初的1个月，至少可以每隔2个半至3小时吃一次（不管是奶粉还是母乳）。

如果宝宝每隔1小时就饿了，奶粉喂养的宝宝可以增加30mL；母乳妈妈要看一下是不是喂的时间太短，或者因为奶水不足或是衔乳姿势不正确导致宝宝没吃饱。

2.每次喂多长时间

在最初的6~8周，正常、健康的宝宝每次进食大概会持续20~40

分钟。

如果宝宝每次吃奶的时间太短（比如少于10分钟），那么妈妈身体接收到的信号就是宝宝不需要那么多母乳，因此乳汁分泌量会不断减少。

C妈需要提醒各位妈妈们的是，宝宝都是不同的，有的宝宝吃的效率很高，也许10分钟就能吃饱，有的宝宝吃奶效率低，也许需要45分钟。时间不是硬标准，主要看宝宝吃饱之后能坚持的进食间隔时间。

为什么宝宝总要吃

小婴儿是有吸吮需求的，尤其是在出生后的头3个月。所以很多时候，母乳容易变成安慰奶，满足的只是宝宝的吸吮需求。换句话说，宝宝在不饿的情况下也是需要吮吸的。所以你可能会发现他每次都吃很长时间，但很可能他只是在做很放松的吮吸动作，而没有把时间放在吃上。

在两餐之间，为了满足宝宝的吮吸需求，可以适当地引入安抚奶嘴。当然，如果宝宝学会了自己吃手也可以让他尽情吃手，不要阻止。

宝宝吃完奶后，尽量让他醒着，哪怕只是5分钟。妈妈可以摩挲他的小手，给他换尿布，只要坚持10~15分钟就可以了，因为这时候催乳素应该已经在他的身体系统循环开来，困意即会袭来。

喂奶成为解决一切问题的救命稻草

喂奶好像在任何时候都能"江湖救急"，而且大部分时候确实有效果。不管宝宝是因为什么哭闹，一般通过喂奶都能换来片刻安静。但有的时候，这个举动只是治标不治本，而且容易麻痹妈妈们的神经，让她们放弃寻找宝宝哭闹背后的真正原因，放弃分析宝宝哭声背后的意思。比如，有的宝宝吃完之后哭得更厉害，或是边吃边哭，就要寻找原因。正常饥饿的宝宝吃饱后就会停止哭泣，如果不是这种情况，就一定有其他原因。

首先要排除是不是奶水不足或奶路堵塞导致宝宝吸不出来而闹脾气。除此之外，有没有可能是宝宝胀气或是胃食管反流？这两种情况，喂得越频繁，症状越严重。

总之，面对很多未知的情况，对于手足无措的新手妈妈来讲，喂奶确实能给我们提供不少帮助，减轻很多负担，也能给我们鸡飞狗跳的带娃生活多一些信心。但是终究，妈妈也该成长，不能把喂奶当作解决问题的唯一救命稻草。

母乳喂养不需要奶瓶和奶粉

几乎每个新手妈妈都对哺乳这件事充满着无上热情，但如果妈妈在产后6个月有回归职场的打算，或是想有一点自己的独立时间，或是有较早断奶的打算，那么在哺乳初期，就别把奶瓶和奶粉一竿子打死。否则如果你需要出门或是回归职场，而宝宝没有经历过既吃母乳又喝配方奶，那么到时候你很可能会面对宝宝绝食的危险。

主流建议是：只要等宝宝学会正确衔乳姿势，妈妈乳汁分泌流畅之后（一般宝宝出生2~3周之后），宝宝就不会出现乳头混淆了。可以每周用2~3次奶瓶，保持这个频率，宝宝就不会忘记奶瓶的感觉。如果妈妈考虑回归职场后要给宝宝添加奶粉混合喂养的，可以直接在奶瓶中装奶粉。想在回归职场后依然纯母乳喂养的，可以把母乳吸出来装瓶喂。这个时候，宝宝的适应能力依然很强，让爸爸或其他家庭成员用奶瓶喂，不仅能让妈妈得到休息，让宝宝学会适应，还能给爸爸提供亲近宝宝、建立亲密关系的机会。不管妈妈今后有什么突发状况或不管你想什么时候断奶，如果宝宝已经习惯了偶尔的配方奶，他都比较容易适应，能较为平稳地过渡。

常常听到有人比较母乳喂养和奶粉喂养哪个更容易，其实哪种方式都不容易。不管是瓶喂、亲喂，全天下当妈的为娃揪的心都是一样的。谁也不必羡慕谁，只要你对孩子的关注和付出足够，孩子怎么喂都差不到哪儿去。但是如果只图眼前的省事儿，今天走过的捷径，都会变成明天的弯路。对于母乳妈妈，最大的挑战就是，正因为更便利，所以需要更自制。

本文观点参考：《美国儿科学会育儿百科》《西尔斯亲密育儿百科》《实用程序育儿法》

宝宝出现厌奶该怎么办

在妈妈眼里，孩子的人生第一大事，莫过于吃！每当看到孩子急吼吼往怀里钻的时候，就忍不住母爱爆棚，仿佛自己正在做的是这天底下最光荣的事。可是，某天开始，从前看见奶就两眼放光的孩子，突然看见乳头就哭，硬塞进他嘴里还会吐出来，此情此景哪个当妈的内心不会受到一点伤害？最后，喂个奶还得趁着孩子快睡迷糊了偷着喂，着实委屈。委屈倒也不怕，就怕委屈受尽孩子还是不吃。

厌奶这件事，没遇到过的人毫无感觉，只有经历过的才知道孩子不吃奶，简直比哭闹更让妈妈有挫败感！

何为厌奶期

一般宝宝长到三四个月的时候，会有一段时间开始讨厌吃奶，具体表现为：

进奶量减少，进奶时间变短；

吃奶习惯变差，一有风吹草动就停止吃奶，吃吃停停，什么都比吃奶有意思；

严重的只要跟喂奶相关就拒绝，比如看见乳头、奶瓶就哭，从抱着的姿势转成喂奶的姿势就哭。

厌奶期可长可短，大部分宝宝持续2~3周就会调整过来，也有的宝宝会持续1个月以上，还有宝宝甚至厌奶两三个月。

为什么会厌奶

一、生长发育因素

1.身体生长的自我调节

首先我们得知道，孩子的生长速度是有节奏和周期的。宝宝不会一直长那么快：

0~3个月时，每4周约长600~800g是正常的；

3~6个月时，每4周约长460~600g是正常的；

6~12个月时，每4周约长280~360g是正常的。

新生儿时期母乳吃得特别多或吃奶粉的宝宝，前期增长过快，脏器需要调整休息，厌奶属于身体的自我调节。在宝宝出生的头一年里，他的生长速度是逐渐减缓的，所以生长所需要的耗能自然也就减少。

为什么4~6个月的宝宝最容易出现厌奶？

因为4~6个月这段时间宝宝生长所需要的耗能减少，而相应的活动量却没有跟上来，所以对奶的需求量自然会减少。等宝宝6个月之后，坐、爬、走这些大运动相继跟上，即便生长速度仍在减慢，但是由于体能消耗大，宝宝的食量也不会太少。

还有一个原因，随着宝宝的生长，他的消化吸收功能也会增强。比如从前吃600mL奶才能吸收的营养，现在吃400mL就可以满足，奶量自然会下降。这就是为什么很多妈妈想不明白的，为什么宝宝明明吃得少了，却貌似一点也没受影响，难道他就不饿？任何时候都不要怀疑孩子忠于身体需求的本能。你以为的厌奶，有时候仅仅是因为孩子在这个阶段真的不需要喝那么多。

2.精神发展的自然结果

过了3个月后，宝宝的视力和听力都变好了。这个阶段，宝宝对外界的动静格外敏感，容易被其他事情吸引，专注力不再集中于进食。

当年CC在厌奶期，我都是钻进卧室喂她，最怕谁不小心推门进来，保准她看一眼就再也拉不回来接着吃了，不管吃了多久，这顿奶都算是结束了，作为亲妈也是恨得牙痒痒。关于这点，最好的方式就是慢慢等着他习惯这个新鲜的世界。当新鲜变成习以为常，甚至麻木之后，不管外头有什么动静，都不会再是宝宝吃奶的阻力。

二、喂养方式因素

1.被强迫喂食

宝宝不想吃奶的时候强迫他进食，是造成他厌奶最常见的原因之一。这一点奶粉宝宝更明显，因为奶嘴更容易强塞。不美好的进食体验会让宝宝把"喝奶"和"不愉快"联系起来。处理厌奶，最

忌硬来，宝宝不想吃的时候千万不要强喂。比起对宝宝造成的心理伤害，哄着、骗着、硬塞着多喂的那几口奶真的太不值得。其实不只是喂奶，只要是涉及"吃"这件事，最有用的方式就是"无为而治"。没有孩子愿意饿着自己，除非他是故意用"跟家长作对"的方式来表示他对喂养方式的抗议。

2.辅食添加时机不合适

4个月后宝宝的味觉开始发育。如果辅食加得过早，刺激了味蕾，尤其是吃到味道较重的果汁、菜汁之类，宝宝就会觉得母乳或配方奶的味道过于平淡，从而失去兴趣。如果辅食加得过晚，宝宝可能会厌倦口味一成不变的奶，导致喝奶的兴趣下降。所以，在合适的时机添加辅食也是宝宝发展的自然需要，不宜过早也不能过晚。正常添加辅食之后，奶量下降属于正常现象，只要每天不少于600mL就可以。

3.流速不合意

总的来说，3个月之后的宝宝，多少有那么点"矫情"了。

本来此时吃奶就算不上宝宝最想做的事了，如果再赶上奶嘴的流量太大或太小，妈妈的奶阵过强或者出奶速度太慢，有的宝宝被奶阵呛过之后，或者嫌奶嘴流速太慢吃起来费劲，也就不愿吃了。但是，这个问题也只是阶段性的，慢慢的，孩子就能学会如何应对各种情况。

比如对于奶阵，3个月之内的孩子可能就是被呛也要接着吃；4~6个月的孩子可能就是被呛着我就不吃了；但6个月之后的孩子遇到奶阵上来，嘴一撒、脸一别，等着你这"喷泉"喷完，再寻回来接着喝。吃是生理需求，宝宝并不会因噎废食。

三、病理性因素

1.缺铁性贫血

缺铁性贫血一般会导致食欲不好。4个月后部分纯母乳喂养的宝宝会出现缺铁。不过，足月生产的健康宝宝，在6个月前铁需求还不大，可以等6个月添加辅食之后，通过添加高铁食物（比如强化铁米粉或肉类）补充，也足以保证健康。

2.胃食管反流

如果宝宝一吃奶就大哭，几乎每顿都吐奶，而且体重增长曲线大幅掉落，要考虑是不是胃食管反流。有些宝宝食道与胃之间的贲门发育不太好，流进胃里的奶就很容易反流回食道，让宝宝有胃灼热感，严重的还会灼伤食道，导致厌奶。

这种胃食管反流没有药物可以治愈，只能等待宝宝自己发育完善。但家长可以通过竖抱、垫高床垫、拍嗝、少吃多餐或服用一些修护食道、减少胃酸的药物等方式来缓解。

除了等待，还能做什么

对于宝宝厌奶，除了顺其自然等待恢复，还可以做以下这些事情。

1.保持环境安静

比较敏感的宝宝，妈妈可以检视一下环境，交代一下家人，保证喂奶期间安静不被打扰，保证吃奶过程的连贯。

2.延长吃奶间隔

宝宝越是吃得少，妈妈怕他饿着，越是喂得勤。殊不知，你越

是喂得勤，他越是厌奶厉害，这是一种恶性循环。

最好的方法是拉长喂奶间隔，宝宝过了3小时不想吃就隔4小时，隔4小时不想吃就隔5小时，饿了总会吃一点，不想吃就是不饿。

3.增加活动量

饥饿欲是刺激进食的唯一方式，4个月的宝宝可以多趴一趴。

天气暖了，可以多带宝宝去户外，宝宝东瞅瞅、西望望也是很耗神的哦。

4.让喂养更合意一些

奶粉喂养的孩子可以给他更换大小合适的奶嘴；母乳喂养的孩子，如果奶阵太强，妈妈在喂奶时用剪刀手或者躺喂，可以减缓流速；出奶过慢的，可以用吸奶器泵出来瓶喂。

大部分"生理性厌奶"（宝宝虽然吃奶减少，但没有影响生长发育）一般都可以自行调整过来。而且大部分孩子在经过一个"瓶颈期"之后，紧接着会进入一个"恶补期"。

宝宝厌奶这事，大人不用大惊小怪慌了手脚，但也别大大咧咧没心没肺。若是自然的原因，该等待也只能等待，若是人为的原因，该改正就得改正。如果是病理性厌奶，或者宝宝厌奶的同时伴有精神不佳，或是厌奶时间过长影响了正常发育，最好及时就医。

母乳妈妈生病了能不能吃药

母乳喂养，不管是对妈妈还是对宝宝来讲，都是这世界上最美好的事。可现实是，不管是宝宝出现了胀气、湿疹、还是消化不良等问题，只要是七大姑八大姨的"未解之谜"，这锅大半都会推到母乳妈妈身上：

一定是你吃坏了东西！

一定是你喂奶时情绪不好！

一定是奶不够吃！

一定是你的乳头不好衔！

喂个奶，还喂出罪来了，可是还能怎么办？为了让宝宝不痛苦，妈妈也只能在自身找原因，谁让咱们都是亲妈，宁可自己受委屈，也不能委屈了宝宝啊！但原本你是不需要承受这么多委屈和自责的。中国式哺乳期谣言，你被坑得有多惨？

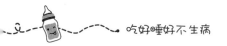

关于妈妈怎么吃的误区

1.为了多产奶，你就得大补

对于妈妈来说，人生最痛苦的事情是，怀孕的时候没怎么长肉，哺乳期却活生生地把自己喂成了个胖子。更痛苦的事情是，虽然把自己喂成了个胖子，娃却完全没胖起来！

生完孩子，婆婆、妈妈的第一件大事就是给你做各种滋补汤，告诉你每天喝上3大碗才好下奶。但事实上，猪蹄汤、乌鸡汤并没有多少营养，除了妥妥地让你贴一身膘，并不能让你分泌更多的乳汁。哺乳期的妈妈在饮食上，只要做到营养全面均衡就可以了。最好的催奶方式就是让宝宝尽早吸吮、勤吸吮；妈妈充分休息、保持心情愉悦。

2.为了宝宝健康，哺乳期妈妈要忌口

关于哺乳期的忌口说法就更多了：

妈妈吃冰棍，宝宝可能会拉肚子！

天气热出门回来要挤掉前奶！

妈妈吃坏肚子就要停止喂奶！

事实是，乳汁也是你身体的一部分，它永远都是恒温的，不会因为你吃根冰棍或晒会儿太阳就变凉或变热。而且你的消化系统，跟乳汁的分泌系统，根本没在一个频道，消化系统出现的问题一般不会影响到乳汁。

但忌口这种说法，也不是全无道理。宝宝可以跟妈妈共享很多食物，而母乳喂养的妈妈吃的某些食物确实可能会引起宝宝的过敏反应。有些食物在妈妈吃下两小时后就能进入乳汁，让宝宝吃后感觉不舒服。

可能引发肠痉挛的食物：

乳制品；

含咖啡因的食物；

谷物和坚果类食物（小麦、玉米和花生）；

辛辣的食物；

容易胀气的食物；

奶制品；

部分蔬菜（西蓝花、洋葱、甘蓝、青椒、菜花、卷心菜，生吃可能会影响宝宝）；

柑橘类。

妈妈吃了某种食物后喂奶，如果宝宝出现了哭闹、肠痉挛，甚至便秘或腹泻，或肛门处出现红圈，那么妈妈就需要停掉这种食物。停掉之后再哺乳，如果宝宝的不良症状有所减轻或消除，妈妈可以再吃一次这种食物验证这个结果，如果24小时之内宝宝又出现了之前的症状，妈妈可以暂时停止食用这种食物。

很多妈妈出于对宝宝的爱，断奶前会选择不再碰这类可能会导致宝宝过敏的食物。但是轻易地否定某一种食物，就意味着，让宝

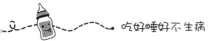

宝同时失去了很多有价值的营养来源。且不说很多情况下其实只是巧合与误判，即便真的是过敏，大多数宝宝只是暂时对某种食物过敏而已，不要因噎废食。

关于怎么喂的误区

1.母乳不够，加奶粉吧

几乎所有的母乳妈妈，都觉得生完孩子的头三天是最难熬的。"有奶没？乳房胀起来没？"事实上，大部分妈妈要从第三天起，才开始有乳胀的现象。

孩子出生的头三天，妈妈只有初乳。初乳的量很少，但从营养密度到量都是完美的，是给刚出生几天的新生儿非常浓缩且完美的食物。虽然很少，但是足够。

母乳能给宝宝的肠道更好的保护，阻止细菌和致敏原入侵。相反，若补充奶粉或水分，会增加宝宝感染和致敏的风险。质地较稠的初乳，也有助于宝宝学习吮吸乳房、吞咽和呼吸的技巧。一般妈妈的初乳都足以满足正常的足月出生宝宝的需求，所以不需要额外加配方奶。在此期间，妈妈们应该频繁地哺乳，帮助开奶。

2.宝宝拒绝吸乳头，挤出来改瓶喂

很多新手妈妈反映，虽然我有母乳，但是我宝不吃啊。

当新生儿还不熟悉衔乳姿势、衔乳技巧还不熟练的时候，很多宝宝吃几口就会扭头不吃，甚至完全抗拒妈妈的乳房，一抱至喂奶的姿势，就大哭反抗。很多长辈可能都会说："这可怎么办？不行就挤出来用瓶喂吧。"

不要轻易这样做！开奶之后一般会出现产奶过量，由于此时乳房很胀，奶水流速很急，很多宝宝会出现吃不到、吃呛等问题。这时，有些宝宝就会拒绝吃奶。但是妈妈坚持亲喂，正确的哺乳姿势很快就可以掌握，泌乳量也很快可以调至供需平衡。如果是挤奶喂养，供需不平衡的情况可能会反复出现，母乳妈妈也更容易出现堵奶的情况。挤奶看似解了一时之急，却是给自己挖了一个巨大的坑。

正确的做法是：当乳房很胀的时候，挤出一些乳汁方便宝宝衔乳；当奶阵上来的时候，把乳头移出，用手挤一挤乳房帮助乳汁迅速流出，等流速缓和再让宝宝接着吃；如果亲喂没有成功，不得不挤出来用奶瓶喂时，注意挤的时候不要过量。当然，如果早产宝宝吸奶的力气小，或者妈妈乳头内陷严重，确实不能亲喂的，也不要着急和强求，可以先挤出来用瓶喂，再慢慢过渡。

3.经期的母乳有毒，月经到来之日就是宝宝断奶之时

不知道这种说法从何而来。事实上，月经是因为子宫内膜定期脱落及出血而产生的，母乳则是乳腺分泌的，月经到来之后，母乳的营养成分不会受到一丝影响！部分妈妈受到体内激素水平的影响，经期乳汁分泌量可能会有所减少，不过经期过后就又能恢复正常了。千万别因为这种毫无科学依据的谣言，轻易断了宝宝的口粮。

4.母乳妈妈生病了不能吃药，吃药就得断奶

首先强调，母乳妈妈发热可以喂奶！大部分的发热并不会影响母乳，而且此时乳汁中的抗体还能对宝宝起到保护作用。大部分常见疾病都不需要停母乳！

从怀孕开始，关于孕期的谣言就没有消停过。吃螃蟹会流产，

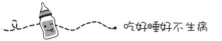

吃酱油宝宝会变黑，水果吃得越多越好……好不容易娃生出来了，没想到各种哺乳期谣言更吓人了。这些谣言抓住了每一个新手妈妈的心，让她们也禁不住动摇了，宁可信其有，不可信其无。妈妈们不要轻信这些谣言委屈了自己。

本文观点参考：中国香港卫生署、《美国儿科学会育儿百科》《西尔斯亲密育儿百科》

断奶，你真的准备好了吗

　　由于没有及早断夜奶，CC养成了很多不良的睡眠和饮食习惯，决定断奶时CC的月龄已经很大，就没有单独断夜奶的必要，所以我选择的是一次性断掉母乳。但是如果宝宝还小，建议妈妈们选择适当的时机断掉夜奶，然后尽可能长时间地坚持白天的母乳。所以，我们有必要了解如何科学地断夜奶。

　　为什么是先断夜奶？

　　母乳永远是孩子最好的食物，不要听说母乳没营养了就给宝宝断奶。我们鼓励在条件允许的情况下，尽可能给予孩子母乳喂养。但是，为了保证孩子正常的生长发育，养成良好的睡眠习惯，以及降低龋齿的风险，建议在适当的时间，戒掉孩子夜间睡眠过程中的母乳。

宝宝多大开始断夜奶

　　这个问题，真的是因人而异，不同育儿流派给出的建议也不同。

　　亲密育儿派提倡妈妈（尤其是职场妈妈）应当多一些夜间陪

伴，以增进亲子关系，建立孩子的安全感。鼓励妈妈们坚持喂夜奶，直到宝宝生理成熟能自己睡整夜觉。

规律育儿派则认为，一般6个月内的宝宝都需要2次以上的夜奶，但9个月之后的宝宝就不再需要夜间进食，9个月之后的夜醒是习惯性夜醒，属于"心理饥饿"，如果仍频繁地喂夜奶，则会影响宝宝的睡眠及生长发育。

C妈认为，月龄不是最重要的断夜奶指标，断不断夜奶要根据具体的情况而定。如果夜奶严重影响了宝宝的睡眠习惯，比如非喂奶不能睡、叼着乳头才能睡、一醒就要吃、夜醒大于5次，同时也给妈妈的作息带来了严重的影响，就建议戒掉。如果宝宝并未依赖奶睡，只是在夜间需要食物，吃完也能继续入睡，没有影响睡眠的完整性，而对于妈妈来说，夜里醒两三次也没有多大影响，那么根据月龄，保留1~3次夜奶也可以。

断夜奶前需要做的准备

想让断夜奶更容易，那么这些准备可以提前做。

1.培养正确的作息模式

按照吃—玩—睡的模式，安排宝宝作息。把吃和睡分开，断夜奶就等于成功了一半。此外，白天也要让宝宝保持规律的小睡，避免过度疲劳。宝宝白天睡好了，通常晚上也会睡得好。

2.培养独自入睡的能力

习惯了奶睡的宝宝，会把吃奶当成唯一的入睡安抚方式，想戒掉奶睡，建立新的安慰方式和入睡习惯才是釜底抽薪的办法。

裹襁褓、嘘拍法、白噪声、抱起放下法等是常见的哄睡方式，或是引入其他安抚物，比如安抚巾、安抚奶嘴、小毯子、妈妈的一只胳膊，都是可以替代的方式。不用担心宝宝会产生新的依赖，因为戒任何其他依赖都比戒夜奶来得容易。

3.几种常见的断夜奶方法

随着月龄增加，宝宝一般都会逐渐减少夜奶的次数。如果夜奶次数一点也没有减少，就要考虑是不是因为无规律养育，导致宝宝的作息不规律。

科学而温和的断夜奶方法

1.睡前要喂饱

想要宝宝睡整觉，睡前这顿奶很重要。母乳中含有镇静成分，所以有的宝宝习惯吃吃睡睡，结果每次都吃不饱，睡不长。尽量让宝宝保持清醒多吃一点，但也不能逗引得太兴奋，导致宝宝睡意全无。最好的办法是在宝宝吃奶的过程中，将宝宝的衣服敞开一点，保持凉爽，摸摸他的小脚丫，摩挲他的背部，尽可能让他清醒地一次性吃饱。

2.拉长间隔或逐渐减顿法

通过逐渐地延长宝宝的进食节奏，最终也能达到睡整觉的目的。这种方法的优点是很温和，缺点是见效慢，需要循序渐进，更适合不急于一时三刻，有备而来的妈妈。

比如宝宝每天都在半夜1点钟醒来，醒了之后不要立马喂奶，试着拍拍看能不能让他继续入睡。如果拍拍不行，可以试着抱起来走

动，但坚持不喂奶。第一天拖延5分钟，第二天拖延10分钟，以此类推，有的宝宝坚持3~5天就能不再半夜醒来了。

同样，减顿也是类似的原理。比如宝宝会在夜里12点、2点、4点、6点醒来，那可以试着先减掉2点那顿，然后再减掉4点那顿，循序渐进，直到宝宝睡整觉为止。

3.打破习惯法

对于习惯性夜醒，通过提前唤醒的方式，打破宝宝的睡眠规律也是一种方法。比如，宝宝每晚在12点醒来，在11点的时候就轻轻叫他或是移动他（不是完全叫醒），这样在半迷糊之中，借着困意，宝宝一般就能顺利进入下一个睡眠周期，这样就能人为地推迟夜醒的时间。

4.哭声免疫法

哭声免疫是比较快速的断夜奶方法，可以让宝宝形成固定的作息规律，完全自己入睡。如果哭，可以每隔5、10、15分钟进去安慰，用各种方式让宝宝稍微平静一些（但是绝对不可以抱起来）。如果实在无法入睡，可以喂一到两次奶，但是不可以喂到睡着，迷糊的时候就要放回小床，动静还要尽可能大。以上过程如果可以坚持3天，睡眠就会有显著的改善。

这种方法很彻底，睡眠习惯的养成也能一步到位，缺点是太揪心。如果是心理承受比较弱的妈妈还是慎用，因为半途而废的反复对宝宝的伤害更大。使用哭声免疫，需要一颗强大的心脏，但是妈妈们不必为此感到内疚，只要平时的陪伴足够，宝宝不会因为这种程度的哭泣就失去安全感，如果心里有负担，哭声免疫多半也会无疾而终。

5.更换看护人

更换看护人是比较传统的方式，也是一个比较有效的方式。但是不建议让宝宝离开妈妈，送到不太熟悉的奶奶或姥姥家。有其他看护人帮忙断奶的时候，妈妈可以在不同的房间，或是同屋不同床，再不济把爸爸隔离在你跟宝宝之间，当个人肉墙也是可以的。这样既能减少母乳气味的诱惑，关键时刻也有妈妈的陪伴。

以上是几种比较常见的断夜奶的方式，希望对需要断夜奶的妈妈们有所帮助。每个孩子的断夜奶之路都不会是一样的。找到适合自己的，不管选择哪个，断之前一定要想清楚，到了非断不可的时刻了吗？夜奶真的成了我们不能承受的吗？想清楚这些是为了让你更坚定，否则你很可能会在宝宝的反抗和哭闹声中动摇。而一旦下定决心，就不要后悔，选择你认为合适的方式，坚持到底。再温和的方式也会掺杂着哭闹，再激烈的方式也终将过去，坚定地迈过眼前这道坎，就是你下决定之后走的最正确的路。

母乳宝宝就是不肯接受奶瓶怎么办

CC爸妈你们好，我刚休完产假回去上班，母乳宝宝5个多月怎么都不肯接受奶瓶喝奶，白天几乎一点都不吃。最初两天反应还不是特别大，傍晚饿了还能用奶瓶吃60mL，哭了也能哄好。到第三天，见到奶瓶就哭，哭了睡，睡醒哭，我下班回家一见我就哭。后来我一边喂他一边跟他说，"妈妈不在家的时候要用奶瓶吃。"希望他能听明白。不知道有没有好一点的方式能让宝宝接受奶瓶。感觉他都瘦了，好心疼啊！

这是一位宝妈给我们的留言，相信很多宝妈都有类似的困扰。

休完产假的妈妈需要重返职场，外出办事的妈妈不能及时回家，母乳不够的妈妈需要添加奶粉……不管是背奶还是添加奶粉，总之，都必须用奶瓶了。可是习惯了亲喂的宝宝，完全拒绝奶瓶，孩子难受，大人揪心，怎么破？

美国知名儿科医生西尔斯建议，宝宝满月后每周可以用2~3次奶瓶（把母乳吸出来用瓶喂），保持这个频率，宝宝就不会忘记奶瓶的感觉。所以新手妈妈不要嫌麻烦，如果你在宝宝满月之后坚持做这件事，那今后就不必临时抱佛脚了。

那没来得及提前引入奶瓶的，还有救吗？当然！

第一种：循序渐进法

适用于即将上班，但仍有一段缓冲时间的妈妈们，从意识到宝宝有可能需要奶瓶代替亲喂的那天起，就开始实行吧。

1.给孩子足够的适应时间

如果宝宝满月之后没有开始瓶喂的准备，那至少需要在重返职场前的1个月开始训练。这样才有充分的时间来帮助孩子适应奶瓶，以及解决可能出现的问题。

2.让奶瓶成为孩子的日常用品

不管是作为饮食工具，还是作为玩具，如果宝宝没有规规矩矩地用奶瓶喝奶，只是想咬奶嘴，那就任他咬。大部分的宝宝即便不爱使用奶瓶，也都热衷于啃咬奶嘴，啃着、咬着尝到了奶水或是不一样的新鲜液体，也许就从此爱上了。毕竟使用奶瓶比吸吮母乳更有大快朵颐的感觉！始于玩乐、陷于饮品、忠于习惯，也不失为一个好方法。

3.用他喜欢的方式

如果想在短时间内让宝宝喜欢上用奶瓶，可以在奶瓶里装好母乳，在他心情好的时候，用他喜欢的姿势喂他。如果刚开始宝宝只肯喝一点点也不要紧，愿喝就多喝，不喝也不强迫。每天有事没事就拿奶瓶给他，说不定哪天就接受奶瓶了。

4.循序渐进，分段进行

如果把宝宝的进食时间分为早、中、晚三段，最初的奶瓶尝试可以选择中间时段，这时的宝宝比较容易接受新鲜事物。先攻破最弱的环节，剩下的也许就会水到渠成。

5.不要太快妥协

如果宝宝大哭大闹，就是拒绝奶瓶，那就先放下奶瓶，安抚好宝宝再继续尝试。不要把奶瓶硬塞给宝宝，如果你尝试了3次，宝宝还是完全不能接受，那这顿就算了。不过，也不要马上给宝宝喂母乳。你可以先等上5~10分钟，干点儿别的事，然后再喂。这样宝宝就不会认为只要拒绝奶瓶就能吃到妈妈的奶了。

6.不妨考虑一下用杯子

如果宝宝已满6个月，仍不接受奶瓶，可以试试直接用杯子喂奶。6个月之后的宝宝应该逐渐从奶瓶过渡到杯子。1周岁时要开始戒除使用奶瓶，而到18个月大时一定要完全停止使用奶瓶。如果孩子就是讨厌奶瓶，那正好可以试试引入其他方式，比如学饮杯、吸管杯甚至敞口水杯，总有一款孩子会满意。

第二种：速战速决法

适用于之前毫无准备的妈妈，或是临时需要出差的妈妈，可以快速实现从母乳亲喂过渡到奶瓶喂养。

1.一整天都只用奶瓶喂养

选择某一个休息日，一整天都只用奶瓶喂宝宝。最好是有宝爸或是长辈帮忙。多准备一些不同材质和形状的奶嘴和奶瓶，越接近乳头的越好。

开始最好在奶瓶里放妈妈的乳汁，因为宝宝已习惯了母乳。当宝宝尝到奶嘴上有母乳的味道后，可能就会吸吮奶嘴，喝到更多的奶了。奶瓶里的母乳尽量热一些，习惯母乳的宝宝，喜欢的温度也比较高。

2.保持饥饿感

每次用奶瓶喂之前，至少2~3小时不给宝宝辅食和零食，确保他的食欲。如果宝宝有一点点的饥饿感，会更有兴趣吃奶，但不要等到宝宝太饿的时候再拿出奶瓶喂，宝宝可能会因为太饿，急着想吃奶，但遇到的却是冰冷且不好用的奶嘴而气馁，导致哭闹严重。

3.换个姿势抱宝宝

让宝宝笔直地坐在大人的膝盖上，如果宝宝还不会坐，可以放在婴儿座上，让宝宝保持上半身直立的姿势。然后面对他用奶瓶喂奶，避免流速太快呛到。不要像母乳喂养时那样让宝宝躺在你的臂弯里，奶瓶喂养时这样的姿势会让宝宝感觉不适。当宝宝习惯了用奶瓶吃奶后，你就可以用通常喂奶的姿势抱着他了。

4.让别人给孩子喂第一瓶奶

喂奶的时候可以由其他看护人代替。由妈妈来用奶瓶给宝宝喂奶，宝宝会感到迷惑不解，他不明白妈妈为什么不像以前一样直接让自己从乳头吃奶。让其他人喂，孩子会更容易接受用奶瓶。如果只有妈妈自己，那可以让宝宝背对自己。

5.转移注意力

用可以发出声响的玩具转移宝宝的注意力，然后悄悄把奶瓶放

进孩子嘴里。当他的注意力不再专注于奶瓶时，更容易接受。最理想的结果是在宝宝意识到奶嘴在嘴里前，他已经在不知不觉中开始吸吮。

6.不要妥协

一般来说，坚持24小时后，大部分宝宝都会开始接受奶瓶。

不要因为看着宝宝难受或怕宝宝进食不够而妥协，因为妥协只会让前面的努力都白费，让宝宝痛苦的时间更长。对于宝宝来说，奶瓶是个新事物，接受它需要一个过程。

如果以上方法对你的宝宝都无效，就只能饿着他了。说起来残忍，但当宝宝肚子饿的时候，他就会知道，只有奶瓶才可以满足他的需要，自然也愿意用奶瓶喝奶了，饿了总归要吃的。

如果时间充足，还是建议妈妈选择循序渐进的方式。但如果没时间，也不必过于担心速战速决的方式对宝宝有什么不良影响。即便宝宝开始几天吃得少，等习惯之后，食量也能恢复正常。习惯了亲喂的宝宝，拒绝奶瓶是非常正常的现象。不管是母乳不足，还是工作需要，亲喂转奶瓶，母乳转奶粉，妈妈们都不必心怀愧疚，觉得对不起宝宝，要相信宝宝的适应能力。要让宝宝知道，你只是不能时时亲喂他，只是需要改变一下习惯，但你还是那个爱他、疼他的妈妈。不能继续亲喂不代表你狠心，你去发展更好的自己，是想成为一个比原来更好的妈妈，也是为了给孩子一个更好的明天。

配方奶粉宝宝需要喝到多大

有妈妈问："宝宝1岁半了，奶粉要用什么容器喝？"

美国儿科学会之所以建议宝宝1周岁时要开始停止使用奶瓶，18个月大要完全戒除奶瓶，是因为同时推荐了1~2岁的宝宝喝全脂牛奶。

所以对执着于二段、三段奶粉的妈妈来讲，用什么喝奶工具自然也就成了一个不成问题的问题。当配方奶遇上牛奶，先决定好要不要继续喝奶粉，再犹豫用什么喝奶容器也不迟！

奶粉要喝到多大

1.1~6个月

应以母乳为主，难以实现的可以喝配方奶。

配方奶的设计基础是模拟母乳，通过调整奶粉中各种营养物质含量，并添加足够的微量营养成分，作为婴儿的唯一营养来源，满足婴儿的所有营养需求。

2.6个月之后

开始添加辅食，此时母乳和配方奶仍然是主要营养来源。此时

宝宝的肠胃依然没有发育健全，1岁以前最好不要选择牛奶，牛奶里的高蛋白难以消化，不易吸收而且容易导致过敏。

3.1~2岁

宝宝基本可以摄取到所有的常规饮食，奶只是全面食谱的一部分，但不再是唯一。配方奶的设计基础也就不复存在。所谓的二段奶粉、三段奶粉，只是相当于一种强化食品，不再具有必要性。全世界范围内，也只有咱们国家的家长对二段奶粉、三段奶粉表现出过度的热情。美国儿科学会推荐，1~2岁的宝宝可以喝全脂牛奶，全脂牛奶含有丰富的脂溶性维生素A、维生素D、维生素E、维生素K，非常利于宝宝的生长发育。

4.2岁之后

可以转向半脂、低脂或者脱脂奶。

1周岁以后，牛奶 vs 配方奶

1.含钙量：牛奶＞配方奶

英国消费者权益保护组织（WHICH）表示：幼儿配方奶粉中的钙含量不能满足1~3岁儿童日常所需，与之相反，只需300mL的普通牛奶就能完全满足。每100mL牛奶能提供122mg的钙，钙对儿童骨骼生长和牙齿发育极为重要。

而德国爱他美和英国牛栏，每100mL奶粉仅能提供86mg的钙。所以英国政府建议：孩子1岁后就可以喝牛奶，不必再喝幼儿奶粉了。

2.含糖量：配方奶＞牛奶

根据《中国居民膳食营养素参考摄入量》，婴儿期所需的营养和成人、幼儿都有所不同。比如，人体必需的氨基酸，6个月龄的婴儿就比成人的需求多5~10倍。配方奶中的蛋白质含量比纯牛奶要低，反倒是碳水化合物（其实就是糖）的含量更高。这对于婴儿是必要的，但对于吃多种食物的幼儿则不是。

3.家庭预算：配方奶＞牛奶

英国消费者权益保护组织为1周岁以上，仍然喝配方奶的家庭算了一笔账。这些家庭每天大约要花费1.63英镑，一年下来就是594.95英镑。而按照英国政府的建议，儿童每天需要喝300mL的全脂牛奶。这样每天的成本才17便士，一年也才62英镑。

看了这组数据，你有没有觉得被配方奶绑架消费了？

配方奶中的钙、铁、锌、欧米伽3、欧米伽6以及脂肪酸等营养物质含量看起来比牛奶要高，但营养利用率相对要低，只有一小部分可以被吸收。而且1岁以后的孩子所需的大部分营养成分，都可以从日常饮食和多种维生素补充剂中获取。

多数的配方奶含钙量都偏低，而糖分偏高。所以，不必迷信配方奶，1岁以后孩子真的可以不用再喝奶粉了！营养均衡搭配的饭菜以及每天必要的奶量，才是幼儿成长的饮食保障。

所谓均衡的饭菜，1岁以后辅食应该逐步过渡成正餐，三餐规律，每餐都能保证有四大营养类摄入：鱼肉蛋类、蔬菜水果类、谷米面类和奶制品。

所谓必要的奶量，根据中国居民每日营养成分摄入要求，1~3岁的宝宝，每天喝480mL牛奶，就能够满足蛋白质、钙的需求。（不含从其他食物或者奶制品中摄入的量。）

哪些情况建议继续喝配方奶

也不是所有的宝宝过了1周岁都应该放弃奶粉，改喝牛奶。

如果宝宝在这个阶段没有培养出良好的饮食习惯，过于挑食或是饮食不够丰富，依然建议补充配方奶。

如果有饥饿夜醒（非习惯性夜醒），真的对夜奶需求量大，那么配方奶会比牛奶更方便一些，喝配方奶的时间可以延长一些。

另外，如果宝宝喝牛奶会肠胃不适应，也应该继续喝配方奶。

牛奶怎么选

牛奶那么多，选哪款才放心？牛奶的成分本就没什么差异，市面上的品牌大都可以选择，但是C妈需要重点告诉你不能选什么。

1.全脂牛奶还是减脂牛奶

1岁宝宝一定要喝全脂牛奶，但是有前提，如果宝宝体重超标，家庭有高胆固醇或心脏病遗传史，建议喝减脂牛奶。

2.生牛奶

美国疾病控制与预防中心建议：连成人都不要饮用生牛奶。牛奶很容易被细菌污染，生牛奶会有很大的安全隐患，严重的会危及生命。所以街边那种号称"自家奶牛产的，纯天然无添加"还是赶紧忘了吧，一定要给宝宝选高温杀菌的牛奶。

3.乳制品饮料

市面上各种各样的乳品饮料，比如某歪歪，某Q星，只能算是饮料，不能算是牛奶！里面牛奶的成分有限，却含有大量的糖分和添加剂，强烈不推荐！

　　1岁以后，对于饮食很均衡的孩子来说，配方奶粉就绝非是必要的选择。但这并不是说配方奶就是洪水猛兽，喝多了会有什么害处。只是如果你之前一直被配方奶绑架消费，那么，现在你可以解放了。不管是选择配方奶还是牛奶，最重要的还是要看宝宝的接受程度及发育情况。只要宝宝长得好，请相信自己的选择！想把配方奶换成牛奶的，也要循序渐进。牛奶还是配方奶，哪种更适合自家宝宝，只有妈妈们自己最清楚哦！

添加辅食的那些疑惑与误区

关于辅食添加，我收到了妈妈们提出的大量问题，其中有诸多疑惑，也不乏许多误区。

宝宝1岁了可不可以喝牛奶，加蜂蜜必须要等到3岁吗

1.牛奶

1岁之前不建议喝牛奶，是因为牛奶中的盐分和蛋白质都高于母乳和配方奶，会增加宝宝肾脏的负担，有可能引起过敏。而且牛奶虽然营养丰富，但是铁含量却不足，无法满足宝宝的营养需求，1岁以内母乳和配方奶还是最好的营养来源。1岁之后，宝宝的胃肠道发育逐渐成熟，开始摄入更多种类的食物，就不用担心这些问题了。注意，1岁不是硬指标，如果宝宝对奶制品过敏则应更晚。

需要提醒的是，1岁之后2岁之前，给宝宝喝的牛奶应该选择全脂牛奶。婴儿和幼儿应该从脂肪中获得所需大约50%的卡路里，孩子出生后第2年非常需要饮食中的脂肪，所以在这个阶段，不应该限制脂肪的摄入量。2岁之后如果想控制宝宝脂肪的摄入量，可以选择

低脂牛奶。

2.蜂蜜

蜂蜜中含有肉毒杆菌芽孢，宝宝食用有可能引起肉毒杆菌中毒，所以不要给1岁以内宝宝添加蜂蜜，一般建议1岁以后就可以适量引入了，不需要等到3岁。

宝宝 10 个月，可以喝酸奶了吗

与牛奶不同，从给宝宝添加辅食开始，就可以添加酸奶。酸奶拥有牛奶所有的营养，但问题却很少。酸奶是通过在牛奶中添加乳酸菌发酵冷却而成的，这种乳酸菌能把牛奶中的蛋白质凝结，把乳糖分解成单糖，把过敏性降低，使之更容易吸收。对牛奶蛋白质过敏或对乳糖不耐受的宝宝，喝酸奶一般没有问题。

美国儿科学会8~12个月宝宝的推荐食谱中，酸奶已经被列为每日饮食的常规选项。但是，酸奶不等于乳酸菌饮料。某歪歪、某Q星都只是乳饮料，不是真正的酸奶，不建议宝宝饮用。

辅食中各种食材有添加的顺序吗

美国、加拿大、澳大利亚的权威医疗机构都已经发布了新的声明：辅食添加不需要遵循特定顺序，6个月之后尽快丰富食物种类。为了预防过敏而延后接触过敏类食物是没有依据的，推迟添加特定食物不会减少过敏的发生概率。所以，除了上述不建议添加的食材之外，宝宝6个月之后，水果、蔬菜、鱼、肉、蛋都可以添加。初加辅食应该从高铁食物开始，如强化铁米粉、肉类、动物肝脏等。

怎么避免过敏食物

非常遗憾的是，只有宝宝真正吃了某种食物，我们才会知道会不会引起过敏。因为觉得某种食物可能会引起过敏而排斥拒绝某种食物，就会影响孩子获得更多营养的机会。一般食物过敏有两种表现，皮肤症状（湿疹、荨麻疹、瘙痒、红斑、五官肿胀）和胃肠道症状（腹痛、呕吐、腹泻）。发生过敏后停止食用该食物3个月，辅食只延续之前添加过的品种，等过敏症状消失之后可以继续尝试新品种，不要因噎废食。

食物性状什么时候泥转沫，什么时候沫转块

很多妈妈都纠结这个问题。当初给CC加辅食的时候，C妈也是一样，恨不得有人可以给出具体到几个月零几天的建议。但是，孩子跟孩子不一样，简单地按照月龄"一刀切"也是不科学的。改变食物性状更重要的是参考孩子的发育技能。

我这里写下的也只是一个大概的参照标准，添加辅食这件事就得慢慢来，根据技能启示多尝试看看。

月龄	进食方式	技能启示
6个月	压成糊状	挺舌反射减轻；能坐直；开始长牙
7~8个月	稠糊和泥状；有颗粒的泥状	开始用手指捏食物；喜欢小块的食物

续表

月龄	进食方式	技能启示
9~12个月	块状、条状水果；可在口中融化的食物	灵活地用大拇指和食指拾取食物；能把所有东西准确地放进嘴里；试着用餐具，但大部分时间会把食物拨出去
12~18个月	软饭；切碎的肉和菜	喝东西知道倾斜杯子和脑袋；勺子用得更好了，但还是会溅出来；自己吃的愿望更强
18~24个月	基本过渡到成人食物（略微切碎）	长出白齿，开始旋转式咀嚼；可以自己用勺子，不会溅出太多

胡萝卜需要先过油才有营养吗，可以用成人的植物油吗

其实"过油才有营养"的依据是油类可以帮助胡萝卜中的维生素A更好地被吸收，这就跟钙和维生素D的关系有点类似。至于成人用的植物油是否适合宝宝，目前没有明确的研究证明，国外权威的建议大都是在蒸熟的胡萝卜里添加一些核桃油、黄油或橄榄油。

家里老人不认可米粉，可以加骨汤或稀粥代替米粉吗

其实很多老一辈人的营养食谱，营养价值并不高。比如骨汤，骨汤里的钙含量并不高，营养被水分稀释了很多，尤其是老火慢炖好几个小时的骨汤，还有脂肪和嘌呤过高的风险。另外还有稀粥，很多老人都爱给宝宝喝粥，生怕营养不够还加点碎菜叶，其实久煮之后的米和菜的维生素都会有所流失。更重要的是汤粥水分多、营养单一（相对而言），不属于高营养密度的食物，而是属于那种白

白占据胃容量，却提供不了多少营养成分的食物。婴幼儿米粉则是根据宝宝需要的营养元素搭配好的，里面含有多种宝宝生长发育需要的营养，尤其是强化铁。所以不建议用稀粥代替米粉，即便是过渡到成人饮食之后也不太建议让稀粥成为孩子的主餐。

本文观点参考：《美国儿科学会育儿百科》《西尔斯亲密育儿百科》、中国香港卫生署

添加辅食的关键要领，你掌握了吗

宝宝开始添加辅食之后，全家人都跟着莫名兴奋，好像孩子跟"正常人"之间的距离越来越小了。尤其是家里的长辈，对辅食简直有迷之执念。但首先得澄清一个误区，孩子并不是到了该添辅食的时间就会自动爱上吃东西。所以，也许你冲半天米粉，孩子连嘴都不张，也许你做半天菜泥，孩子吃一口还干呕。但这真的不是你的错，更不是宝宝的错。

如果说吸吮能力是天生的，那么吞咽和咀嚼能力则是后天习得的，而我们添加辅食的意义正是帮孩子习得这些能力。初加辅食、一切尚未进入正轨的头几个月，比起吃什么、吃多少，培养宝宝对食物的兴趣、养成好的用餐习惯，以及学会吞咽和咀嚼才是最重要的。下面几个关键要领，你掌握了吗？

如何正确地喂比喂进去多少更重要

从泥状食物开始，最终过渡到成人饮食，这期间需要做的不仅仅是食物性状上的机械转变，更需要锻炼宝宝的口腔肌肉群。从一开

始，我们就应该用正确的方式让宝宝练习咀嚼和吞咽。就拿喂饭方式来讲，正确的方式是把勺子平行地伸进宝宝嘴里，放在宝宝的舌头上面，让他自己闭住嘴唇把食物从勺子上抿下来。而现实中，很多喂养者都急于把食物喂进去，选择的方式是更有"效率"的勺子与嘴巴呈30度，从上往下把食物塞进去，然后宝宝被动地合上嘴巴。

兴趣比营养重要

不要担心宝宝每天摄入的食物种类不够多会影响身体发育，添加辅食的这个阶段，兴趣优先于营养。我们都想着把最有营养的提供给孩子，菠菜补铁效果好、胡萝卜护眼效果一流……一切有营养的食物都不能放过。但很可能，宝宝对你提供的食物完全没有兴趣，千万不要因为某种食物营养高就强塞、硬喂。一旦宝宝有过不好的进食体验，就会更加抵触辅食。不喜欢吃胡萝卜没关系，也许过段时间就喜欢了，大不了换一种，世间的食材那么多，每种都有各自的营养。

添加辅食不必按照固定顺序，大可放心地翻着花样来（当然，主流意见还是建议第一口辅食选择强化铁米粉，因为6个月之后母乳中的铁成分不能满足宝宝身体的需求）。辅食阶段最重要的是让宝宝对食物产生兴趣，接受母乳或配方奶以外的味道。等宝宝抓握能力不错之后，还可以给他提供一些手指食物，不仅能锻炼宝宝的手眼协调能力，也更容易激发他对食物的兴趣。

培养良好的就餐习惯比每天吃多少更重要

不要觉得宝宝吃得不多就反复喂，追着喂、边玩边喂，从最开始添加辅食就应当培养宝宝良好的用餐习惯，这样以后的喂养会越来越省力。

1.吃辅食时，一定要坐在餐椅上

不需要放玩具引诱，因为餐椅和餐具本身对于宝宝来讲就是个新鲜玩具了，最开始可以允许他探索，适当地"玩"食物或勺子，但是只能在吃饭的时间段"玩"。对于喂食，如果宝宝已经发出了明显的拒绝信号：不张嘴、扭头等，就应该把他抱下餐椅。

这点非常重要，这是在帮宝宝建立良好的用餐习惯，让他知道：吃就坐着，不吃就要离开。如果你不想孩子两三岁了还要每天追在屁股后面喂饭，那么从最开始就应该让孩子知道，这个时间、这个场景是要吃饭的。如果不想吃、吃够了，就需要离开，离开之后是不会再吃到食物的。

2.尽量有规律地喂养

受睡眠或者吃奶量的影响，初加辅食不可能做到定点定量，但也不应该没有时间原则的随时喂。一般来说，辅食安排在两顿奶之间是最理想的，既不影响吃奶，也不耽误练习吃辅食。如果引进新食物，最好安排在上午，这样更方便观察有无过敏，也便于就医。新食物要单独添加，观察三四天，如果没事就说明是安全的，可以放心添加或者跟之前的"安全食物"混合添加。

辅食添加阶段，奶比饭重要

很多长辈一看孩子开始吃饭了，就紧锣密鼓地张罗了，以吃了多少饭作为喂养的第一标准，唯恐在吃上耽误了孩子的发育。甚至

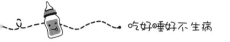

还有人鼓动母乳妈妈，添辅食之后就可以断奶改吃饭了，当真是谣言害娃不浅啊！

当年CC奶奶每天带CC出门回来都会无比羡慕地跟我说谁家的宝宝刚添辅食就能吃半碗米粉，谁家的宝宝7个月已经可以喝半碗粥，谁家的宝宝10个月番茄焖锅面已经能吃一碗了。再回头看CC一天吃的那点东西，那都不敢叫作辅食，只能算零嘴。后来经过我和C爸的轮番解释，奶奶终于释怀了一些。

辅食，说明它只是辅助食品，1岁之前宝宝的主要营养来源应该是奶（母乳或配方奶），千万不要喧宾夺主。受限于吞咽和咀嚼能力的不发达，宝宝摄入辅食的那点量是不够支持身体发育的。我们也知道出生的头一年是孩子身体发育非常重要的一年，更不必说，辅食中有一部分还不是高营养密度的成长型食物。比如，长辈们最爱的稀粥，纯属白白占据胃容量，却提供不了多少营养成分，粥不是不可以给孩子吃，但是不能作为主要的辅食来源。

1岁以内，辅食的进食量，真的不是最高标准。在"以奶为生"转换为"以饭为生"的过程中，辅食期只是一个短暂的过渡期和磨合期。辅食这件事儿，说大不大，说小也不小，它只是宝宝生命历程中很小的一段，却影响着今后生活的很多方面，小到饮食习惯、餐桌礼仪，大到品行教养。如果宝宝辅食吃得不错，那我们自然没什么好担心的，如果觉得宝宝吃得不好，也要找对"焦虑点"，请记住，"少"真的不是重点。

你家宝宝吃喝能力达标了吗

很多人都关心宝宝大运动的发育指标，却没在意吃喝这件小事。殊不知，吃喝能力的发展也是有指标的。因为添加辅食的意义不只在于吃，它还代表着宝宝的精细动作、吞咽动作、胃肠道消化等一系列能力。

如果追溯，大都能在辅食添加的初期找到根源——在早期的喂养中，让宝宝过度地放飞自我、自由生长。学吃的时候被忽视了，自己吃的时候就出问题了。那么，不同月龄，吃喝能力的标准是什么呢？

6个月，初加辅食

6个月只是一个平均参考值，添加辅食的依据，宝宝的能力比月龄更重要。良好的头部控制能力，头部能够保持竖直，并且能够自如地抬头；挺舌反应消失；支撑着可以坐；对大人进食产生兴趣。要满足这些条件，宝宝一般不小于4个月，不大于8个月。

添加辅食的时机非常重要，过早添加会造成肠胃负担；过晚母乳中提供的营养尤其是铁质，不能满足宝宝身体的需要，也不利于咀嚼能力的发展。

1.怎么吃

初加辅食，泥状的高铁食物是最好的选择，比如南瓜、高铁米粉、蔬菜、肉类。

2.怎么喝

一旦孩子可以经常吃东西，就说明到了让他用水杯喝水的时候了。这对宝宝的手指精细动作和手眼协调能力都很有好处。通常来说，鸭嘴杯比吸管杯更容易学会，所以6个月时可以先给宝宝使用鸭嘴杯，然后再慢慢引入吸管杯。但这不是绝对的，有的孩子可以直接接受吸管杯，无须过渡。

8~9 个月，食物性状的改变及手指食物

宝宝吃了两个月的泥状食物，从8个月开始，要逐渐向粗颗粒食物过渡，同时也要引入一些软软的手指食物！有的妈妈反映：宝宝开始吃辅食时还是很带劲的，但一段时间之后就厌食了。很多时候是因为你提供的食物，不能再满足孩子的需求和能力发展。

从咀嚼需求来讲，8~9个月，宝宝的咀嚼能力从之前单纯的吞咽变成了正式的咀嚼。从现在开始，学习和锻炼咀嚼是最正经的事了。这个月龄的咀嚼方式是上下咀嚼。妈妈们可以给宝宝示范上下牙齿张开、合并。

从精细动作能力来讲，宝宝一开始抓东西会一把抓，慢慢地会开始使用拇指和食指把东西捏起来。这是人类才具有的高难度动

作，标志着大脑的发展水平。如果这个阶段宝宝一直用整只手抓，就要有意识地提供一些小颗粒的手指食物，帮助他练习精细动作。

1.怎么吃

这个时期的辅食，要稍微有点嚼头，但不能太硬，通过上下咀嚼就能嚼碎的食物是最合适的。主要的辅食应该以碎状食物为主。小零食可以提供手指食物，比如星星泡芙。

2.怎么喝

9个月左右，可以让宝宝试试十字吸管杯。十字纹确保了水流的速度，这样宝宝喝水时不易被呛到。当然这是理论上讲，如果不想家里闲置那么多水杯，可以直接跳过这步，用普通吸管或敞口杯。

10~12 个月，块状食物及自主进食

这时是提供块状食物的时候了，自己喂自己，是宝宝的新需求。

从咀嚼需求来讲，上下咀嚼逐渐会发展为旋转咀嚼。这也就意味着宝宝开始学会把食物通过牙齿磨碎了。即便宝宝还没长磨牙，他的牙床也已经足够硬了。

从精细动作能力来讲，大部分的宝宝都可以用大拇指和食指准确抓起小颗粒食物，并准备把它们放进嘴中，手眼协调的能力又向前迈进了一大步！

同时，他们开始享受自主进食。有的宝宝也会对实用工具感兴趣，比如勺子或叉子。可以给宝宝一把勺子，妈妈用另一把喂他，或者帮宝宝把食物拨进他的小勺子里，让他自己尝试把食物送进嘴巴里。当然，这个阶段十有八九是不能成功的，勺子可能还没到嘴

边就已经翻了，饭可能撒得到处都是。但还是要允许宝宝充分练习，妈妈们一定不要急、不要恼。

1.怎么吃

初期要提供小块状的食物，比如蒸熟的蔬菜块、切块水果、小块的全麦面包、煮熟的面条等。待上下咀嚼方式变成旋转咀嚼后（约11个月左右），要有意识地引进一些比较硬的或者比较脆的食物了，比如煮熟的意大利螺旋面、煮熟的豌豆、去皮的脆黄瓜、去皮的苹果等。不要一直提供过于软腻的食物，这会让宝宝失去锻炼旋转咀嚼能力的机会。

对于很软的食物，也可以尝试让宝宝自己咬，比如香蕉、大块的蒸熟的南瓜。让宝宝学习"咬下来"这个技能！

2.怎么喝

同8~9个月。

1岁之前，要根据宝宝的发育情况提供匹配的食物形状。辅食添加这个阶段，怎么吃比吃多少更重要！

1岁之后，从宝宝食物过渡到家庭食物

如果有之前的咀嚼能力和精细动作锻炼，那么1岁之后的宝宝就可以顺利过渡到家庭饮食了。大部分宝宝会在1岁半~2岁之间学会用勺子。越早引入，这个技能掌握得就会越熟练，大人也要学会试着放手。

CC学习独立吃饭的那个阶段，每次吃饭，奶奶一定会在旁边惋惜："哎，要是养只鸡就好了！"老一辈都非常看不得浪费，但是良好习惯的养成，不仅让宝宝受益，大人也不用每天追着喂或者担

心宝宝上了幼儿园会吃不饱。从长远来看，还是值得的。

1.怎么吃

宝宝的食物应比大人的食物口味更淡一些，质地更软一些，体积更小一些。

基本1岁之后，我就不大给CC开小灶了，我们家本就吃得清淡，CC吃的大部分食物都跟大人的一样。只是菜放盐之前给她单盛出来一些，大块的菜用辅食剪剪成小块，肉炖烂之后再放进沸水煮一下去去咸味后也剪成小块。

2.怎么喝

宝宝到了12~18月，使用十字吸管杯熟练后，就可以直接用普通的吸管杯了。吸管杯这件事真的因人而异，CC大概1岁半才会用吸管杯，CC的小表弟6个月就会用吸管杯。很多时候也跟孩子性格有关，有些孩子呛一次就不愿再尝试，有些孩子越呛越勇。

2岁之后，进一步向成人化过渡

2岁之后，宝宝的饮食基本就成人化了。

1.怎么吃

大部分的食物都可以直接吃了，除了少放盐，大块的肉类、很硬的蔬菜等，还是需要帮宝宝用剪刀剪碎以方便咀嚼之外，需要格外注意的就是一些饮食安全问题了。比如花生豆、樱桃、果冻这类有安全隐患的食物要在成人看护下食用。

2.怎么喝

到了2岁，宝宝就可以和大人一样开始使用敞口杯了。相比学饮

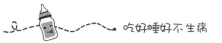

杯和吸管杯，敞口杯更易清洁，不易滋生细菌。另外，长期使用吸管杯喝含糖类饮料，易使前牙内面产生龋洞。C妈提醒，应尽早让宝宝学会使用普通水杯，建议6个月之后就可以让宝宝尝试敞口杯了，隔几天就让宝宝尝试一下。

吃饭还有这么多讲究，有人会觉得太矫情了！但不管是咀嚼能力，还是精细运动都是需要锻炼的。咀嚼需要调动口腔和脸部肌肉的力量，但凡涉及肌肉，那肯定都是需要练习的。而精细动作对宝宝的身体和大脑发育非常重要。希望宝宝的喂养因为有章可循，可以变得更加简单！

添加辅食需要加盐吗

我们这代人，接受的是一种全新的育儿观念，盐成了妈妈们的"公敌"。可是老人说"不吃盐没力气""食物太淡孩子容易吃伤"，隔代人育儿观念冲突中，60%集中在"吃"上。婆媳大战的开始往往都是由"盐"拉开序幕。咸味作为百味之首、调料之源，在日常生活中必不可少，妈妈们也无须唯恐避之不及。

先来看看我们的日常食物里有多少隐性盐，再来决定要不要给宝宝额外加盐吧！儿童作为特殊人群，他们的摄盐量不同于成人。什么时候开始加盐？不同年龄的孩子该吃多少盐？

0~6 岁儿童吃盐指南

1.0~1岁

根据《中国居民膳食指南》及国外主流观点，1岁以内的婴儿每天需要的钠不到400mg（相当于1g食盐），无须额外添加食盐，更不需要添加其他调味料（包括酱油、醋），宝宝从母乳或配方奶、辅食中摄取的钠完全能满足身体的需要，食物只建议吃原味的。

2.1~3岁

最新版的《中国居民膳食营养素参考摄入量》，1~3岁的幼儿每天需要700mg钠（相当于1.8g食盐），比1岁之前的婴儿多350mg。正常情况下，如果宝宝的食物范围涵盖奶类、主食、肉制品、蔬菜、水果等，那么他完全可以从这些食物中获取一天所需的钠。因此，在婴幼儿的喂养中，3岁之前仍无须加盐。

如果说1岁以内不给孩子吃盐，很多家长还能接受，3岁以内不给孩子吃盐，很多人会觉得实在太"残忍"。而且孩子在1岁以后就开始逐渐融入家庭饮食，大部分家庭无非在菜的种类和性状上会兼顾一下孩子，想要做到不吃盐几乎是不可能的。但是仍然建议3岁之前尽量少吃甚至不吃盐。盐量摄入过多，会抑制钙的吸收，也会加重肾脏的负担。家长做菜时在放盐之前可以单独给孩子盛出一小份。当然，也要尊重孩子的口味，当他对清淡饮食不太感兴趣的时候，可以加一点盐。如果孩子跟大人一起吃饭，那么全家人的饭菜都做得清淡一些，对全家都有好处。

3.4~6岁

4~6岁的孩子每天大约需要900mg的钠（相当于2.3g食盐），除了食物本身含有的钠，必须通过食盐获取的钠含量应该控制在1~2g。6岁以上的儿童一天的摄盐量应控制在3~5g。

火眼金睛识别隐性盐

1.天然的食物材料

食盐中的钠确实是人体必需的一种矿物质。但是，钠可以算是自然界中含量最多、分布最广的矿物质。几乎任何食物里都有钠盐存在。动物性食物含钠较高，比如肉类，鱼、虾、贝类等水产品。蔬菜里也含有钠，苋菜、空心菜的含钠量最高，还有紫菜、豆芽、海带、胡萝卜、香菇等。水果里含钠比较多的有香蕉、番茄、龙眼、枣、橙子、杧果等。

举个例子，你就会一目了然。

比如你给孩子做一份紫菜豆芽汤，紫菜含盐量为7.28mg/g，按每次使用一小包3.5g的量计算，相当于25.3mg的食盐；豆芽100g含盐量为1.27mg/g，按每次食用100g计算，相当于吃了127mg的食盐。在不添加任何调料的情况下，一碗紫菜豆芽清汤的盐含量就已经是152.3g，相当于1岁以内孩子一天所需要钠的1/3。

而且孩子喝的奶也是含有钠的。不管是母乳还是配方奶里面的钠含量，已经能满足1岁以内孩子的需求，这就是为什么1岁以内的孩子辅食最好不要额外再加盐，不是他们不需要盐，而是他们已经从食物中摄取了足够的钠。

2.甜品

相当一部分人认为甜品不含盐，其实这是一种误区。面包、饼干、蛋糕、点心等食品生产过程中都需要加入含钠的辅料，如发酵粉（碳酸氢钠）。甜品暗藏高盐，奶酪、糕点成坯后储存发酵前，表面是要抹上一层盐来腌制的，这是发酵和储存的必备工序。如冰激凌，在制作过程中，为了口味的完美会添加很多盐，只是浓郁的酸甜味把咸味覆盖了，欺骗了味觉。

举个例子，让你一目了然。

比如，你常常用来做早点的切片面包，含盐量500mg/片，单是两片面包，就几乎占了1~3岁孩子一天所需钠含量的1/2了。如果你再加上两片含盐量80mg的火腿，那么一顿早餐就足以提供他一天所需的钠。

3.调味品

很多妈妈说，我给孩子做菜很少放盐，只放一点儿童酱油、鸡精这类调味。殊不知，酱油、醋、味精、鸡精、蚝油等都是"藏盐大户"，10g酱油就含有1.3g的食盐，100g醋就含有1.5g食盐，接近1~3岁儿童一天的摄入量，儿童酱油也一样！要想控盐，不仅要少放盐，也要少放一切调料。

4.速食品与加工类食品

制作方便面、汉堡、油条等用的发面也就是小苏打（碳酸氢钠），火腿、腌肉、肉松等加工类食品在加工过程中也需要放入大量的盐，这类食物都不建议给孩子食用太多。

不加盐你该如何做

1.用对食材，自有天然好味道

有一些食物，天然就很香甜可口，只要有它们在，整碗食物都能美味起来。典型的调味食物：玉米、豌豆、南瓜、红薯、甜椒、西红柿、胡萝卜、洋葱，以及苹果、橙子等。

你可以把上述食物打成泥或切成小粒（根据宝宝的咀嚼能力），加到米粉、粥、面条里，或者加入一些其他营养丰富但是味道不怎么样的菜，大多数时候都能"蒙混过关"。

芝麻酱拌面条绝对是业界良心，面里可以加各种肉泥、菜叶，吃起来都是香香的麻酱味儿，很多孩子都爱吃。

在给宝宝做辅食时，如果宝宝实在厌倦清汤寡水，妈妈们可以加少量虾皮，虾皮可以替代食用盐或者酱油，还能补钙，味道也更加鲜美。

2.家人立场要坚定

早早给家人灌输1岁以内不吃盐的理论，一有机会就要叨叨。反面案例通常比较有效，"谁谁家孩子过年期间被亲友喂了大人的饭菜，现在清淡的东西都不肯吃了！"当老人们发现"清水煮面条他都吃得这么香"，自然也就不会再纠结了。

很多妈妈反映，假期里（尤其是春节这个"重灾区"）走亲访友，不好意思当面拒绝，被亲友喂了大人的饭菜，回来就不肯吃清淡的辅食了。由俭入奢易，由奢入俭难。提醒各位宝妈，不要因为拉不下面子而不拒绝亲友给孩子喂食，现在儿童不喂盐几乎已经是一个常识，他们会理解的，就算不理解，自己的孩子自己做主，不给孩子吃盐，是对孩子的爱和保护！

1岁以内的宝宝到底该喝啥

不少妈妈问宝宝喝果汁的问题。夏季出汗量大，不管是大人孩子，补水都是第一要务。在我们的印象里，果汁总比白水好吧，至少比白水多了很多维生素。但对于小宝宝而言，它真的不是合适的饮品！

美国儿科学会建议，6个月以下的宝宝禁止喝果汁。美国儿科学会推出了一份有关果汁的最新指南，将6个月延长至了1岁，并明确指出，果汁对1岁以下的儿童没有任何营养价值，也不应该被纳入他们的饮食中，是很明确的"不应该"而不是"不建议"。

在最新发表的这份有关果汁的指南中，强烈反对给儿童喝没有经过高温杀菌的果汁产品。也就是说，即便外面售卖的或是在家自制的100%鲜榨纯果汁也不行。更别提那些打着果汁旗号，添加了诸多水、白砂糖、食品添加剂和食用香精等配料的果汁饮料了！

需要说明的是，美国儿科学会并没有否定果汁的价值。指南中说明在饮食均衡的情况下，适度饮用果汁对于年龄较大的孩子来说是可以的，但对1岁以下的孩子来说绝对没必要。

为什么果汁不值得推荐

1.破坏了水果的营养元素

本来让宝宝摄入水果的初衷是获得其中的营养元素和膳食纤维。但是，水果变成果汁后，营养却发生了巨大改变。不溶于水的膳食纤维和钙、镁、铁等矿物质都留在了被丢弃的果渣里。即便是被留下的水溶性维生素和可溶性膳食纤维，也在榨取的过程中遭到了破坏。所以，论营养元素，果汁远不如水果。

2.高糖分、高热量导致肥胖和蛀牙

美国儿科学会对果汁的新规定，主要考虑的还是果汁引起的肥胖和蛀牙问题。果汁虽然没能留住水果全部的营养，却保留了它的糖分和热量，绝对是高糖高热的浓缩体。宝宝不可能一下吃两个苹果，但是喝下两个苹果榨出的一杯苹果汁却完全没问题。这就很容易导致摄入过量，而且摄入过多的热量还可能影响正餐，导致营养不均衡。

3.果糖不耐受引发胀气或腹泻

有些水果的果糖含量过高，宝宝的肠道无法有效地吸收，就会发生果糖不耐受，可能引发胀气或腹泻。

4.干扰药物有效性

美国儿科学会指出，某些果汁会影响药物的有效性，此次明确指出了葡萄柚汁。在服用特非那定药物期间，如果饮用葡萄柚汁，可能会抑制药物的代谢过程，从而使血液中的特非那定含量大增，产生不良药效，严重的甚至导致死亡。

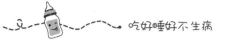

5.未经高温杀菌，存在被感染风险

为了防止果汁感染微生物风险，各健康机构都建议喝经过巴氏杀菌的果汁（尽管有些含有食品添加剂）。鲜榨果汁看上去营养健康，其实都没有经过灭菌处理，水果每多经历一个环节、每多放置一段时间，都会增加一分被感染的风险。

就像英国BBC揭露的冰块卫生问题，在英国常见的三家咖啡连锁店星巴克、Costa和Nero的冰饮中都检测出"粪大肠菌群"。原因是冰饮中所使用的冰块，未经过灭菌处理。很多常见的霉菌或病毒，对原本身体健康的大人来说，可能并没有明显的影响，但是对1岁以内的宝宝来讲却并不安全。当然，这种感染不是必然的，只是既然有直接吃水果这种更简化的选择，何必要费力不讨好呢？

6.过早刺激味蕾，影响喝水

就像很早接触了盐的宝宝，就再也不肯吃清淡饭菜一样。味蕾一旦接受了更甜美的刺激，就再也不愿甘于平淡了。过早地接触果汁可能会降低宝宝对白水、母乳和奶粉的兴趣和摄入量。

1岁以内的宝宝可以喝什么

不管处于哪个年龄段，除了母乳和配方奶之外，最健康的选择只有水和牛奶。

哪些情况可以喝果汁？

如果宝宝有便秘症状，可以给宝宝喝些如西梅汁一类的果汁来辅助改善。

1岁以内的宝宝，想吃水果怎么办？

　　根据宝宝添加辅食的阶段，可以分别选择果泥、水果碎块、水果条、水果。果泥不同于果汁，果泥保留了水果中的膳食纤维及其他营养成分。所以儿科学会禁食果汁，但提倡给刚添加辅食的宝宝吃水果泥。

1岁之后，果汁喝多少，怎么喝

　　适度饮用100%的纯果汁（经过灭菌的），是1岁以上儿童的健康饮食。所以，如果想要喝果汁，可以遵从儿科学会建议各年龄阶段宝宝每天饮用果汁的量：

　　1岁以下的宝宝，绝对不要喝果汁；

　　1~3岁的宝宝，每日果汁摄入量不超过118mL；

　　4~6岁的宝宝，每日果汁摄入量不超过118mL至178mL；

　　7~18岁的孩子，将果汁限制在每天一杯（237mL）。

　　只购买巴氏杀菌产品（常温果汁、冷冻浓缩果汁或特别标示的冷藏果汁），以避免引起感染性腹泻。

　　不要用吸管杯或者奶瓶喝，也不要让孩子整天带着一杯果汁随时喝，应该尽可能缩短果汁在口腔存留的时间。奶瓶和吸管杯让牙齿与果汁长时间过度接触，容易导致蛀牙。所以最好的方式是，直接在杯子里倒入适当的量，咕咚咕咚，三下五除二喝光！另外，睡前也不建议给孩子喝果汁。养育孩子要讲科学依据而不是想当然，不是所有浓缩的都是精华。

想要宝宝不缺钙，食谱中只要有这三样

钙有多重要？放眼望望全国上下，不分男女老少集体补钙的阵势就能看出来了。基本上所有的生命过程都需要钙的参与，而人体不会自身合成钙，只能从外界获取。如果长期缺钙，会导致骨质疏松，对小宝宝而言，钙的摄入量不足，则会影响到正常生长发育，增加患佝偻病的风险。

根据美国医学研究院的建议，不同年龄段的孩子每日推荐钙摄入量见下表。

年龄	推荐钙摄入量
0~6个月	300mg/天
7~12个月	400mg/天
1~3岁	600mg/天
4~8岁	1000mg/天
9~18岁	1300mg/天

想要满足上述的钙摄入量通常有两个途径，一个是膳食钙，一

个是专门的补钙制剂。医学上主张补钙最好的途径是食补，而不是靠各种钙剂。但前提是，饮食一定要合理。有的家庭，食谱偏素，饮食结构单一，膳食里缺乏高钙的食物，或是有的宝宝偏食严重，长期奶摄入量不足。而家长一时无法改变现状，或是出现营养问题、疾病原因等难以通过饮食解决的缺钙问题，还是应该选择合适的钙补充剂进行治疗。如果没有上述问题的宝宝，膳食钙自然就是最好的途径。膳食钙最重要的两个来源：一是牛奶及奶制品，二是高钙的食物。

不同年龄宝宝每日建议饮奶量

1.0~6个月

母乳或婴儿配方奶是宝宝的主要膳食钙来源，0~3个月按需喂养，4~6个月每日饮奶量达到800mL以上者能基本满足钙的需要。6个月前，只要是科学喂养、奶量充足的宝宝，都不会缺钙，但要按时按量补充维生素D。

2.6~12个月

6个月后，母乳中的钙含量有所下降，但仍然是此阶段吸收率最高的钙来源。所以，这个时期需要从其他食物中获得一定量的钙，辅食可以多选择一些高铁、高钙的食材。每天保证大约600mL的母乳或配方奶，加上合理饮食，就足够保证这个年龄段儿童所需的钙质。

3.1岁以后

这个年龄段的孩子已经可以喝全脂牛奶了，不论是母乳还是配方奶或牛奶，每日饮奶量达到300~500mL，再加上其他食物提供的

钙，就可满足每日钙需要。

婴幼儿高钙食物推荐

除了奶和奶制品，一些常见的食物也是很好的钙质来源。

下表是通过《中国食物成分表》计算，常见食物提供300mg钙需要摄入的量。

食物名称	重量（g）
芝麻酱	25.6
虾皮	30.3
榛子（炒）	36.8
奶酪（干酪）	37.5
豆腐干（干）	41.0
黑芝麻或白芝麻	43.5
海米	54.1
河虾	92.3
花生仁（炒）	105.6
紫菜（干）	113.6
黑木耳（干）	121.5
海带（水发）	124.5
芥菜（雪里蕻）	130.4
豆腐丝	147.1
黄豆/大豆（干）	157.1
酸奶	254.2

续表

食物名称	重量（g）
油菜	277.8
豌豆	283
牛奶	288.5
空心菜	303
小白菜	333.3
腐竹	389.6
大白菜	600
馒头	1500
大米	2142
肉	5000

注：数字越小的越补钙！其他常见食物提供300mg钙一般需要1.5kg以上的原食物。

含钙量比较高的种类

1.种子和坚果类

比如芝麻、榛子、花生仁、核桃、腰果。在日常食物中，含钙量最丰富的是芝麻酱，每25.6g芝麻酱就富含300mg的钙，从数量换算上来讲是奶酪的1.5倍，是牛奶的10倍，比豆类和蔬菜都高出很多。

2.海产品

如鱼、虾、海带、紫菜、海参。虾皮的含钙量也很丰富，仅次于芝麻酱，虾皮营养丰富，含蛋白质是鱼、蛋、奶的几倍到几十

倍。不过市面上很多虾皮含盐量较高，尽量选择无盐或低盐虾皮，不要一次吃太多，把低盐虾皮研磨碎，可以直接食用，调味又补钙。给宝宝吃鱼的话，可以选择小条的黄花鱼直接焖成入口即化的带骨小酥鱼，连骨带肉，补钙效果超赞!

3.低草酸的绿色蔬菜

如荠菜、西蓝花、小油菜、大白菜叶、卷心菜、羽衣甘蓝等。

想要宝宝不缺钙，不要忘了维生素 D

很多类似缺钙的症状，真正缺乏的其实是维生素D。维生素D最重要的功能是促进钙的吸收，维生素D摄入不足，即使补充再多的钙也是白搭，不能有效地被人体吸收利用。

母乳喂养的宝宝，足月儿出生后两周起就可添加维生素D，每天补充400IU；早产儿、双胞胎、低体重儿出生即每天补充800IU。

奶粉喂养的宝宝，因为奶粉里已经添加了维生素D，如果每日奶量达到1000mL，那么就不要额外补充维生素D。

混合喂养的宝宝，可以酌情补充。美国儿科学会建议，所有混合喂养的宝宝（包括辅食宝宝），每日都应该补充400IU维生素D。

维生素D补到多大?

国内各大医院现在普遍建议至少补到2岁，美国儿科学会建议补到18岁（因为他们只负责到18岁）。

想要钙满分，其实很容易。充足奶量、补充维生素D、高钙食物，只要宝宝的食谱中有这三样，几乎不会有缺钙的可能。

维生素D补充剂该怎么选

　　很多妈妈终于把维生素D的补充提上了日程，但放眼望去，市面上补充维生素D的产品很多，如鱼油、鱼肝油、维生素AD、维生素D、维生素D$_3$，到底要选哪个？

　　经常有妈妈拿着补维生素D的产品发图问我们："我家这个需要怎么吃？还需不需要补充其他的？"含维生素D的产品花样那么多，只能建议大家去换算一下维生素D含量，多退少补。有位妈妈说自己换算出来每一粒鱼肝油含维生素D的量居然只有30IU。而且推荐服用量是：4周~1岁，每天1粒。要知道健康宝宝每日的推荐维生素D是400IU，要想满足正常量，这样的产品一天要吃13粒。她发来照片我一看，原来是把鱼油当鱼肝油补了。市面上打着维生素D成分旗号的保健品和药品那么多，我们该怎么选？

鱼油 VS 鱼肝油

　　鱼油和鱼肝油听上去差不多，我发现很多妈妈都把鱼油当作鱼肝油吃，完全不知道它们根本不一样。

鱼油，是从鱼类的身体脂肪中提取出来的，富含欧米伽3系多不饱和脂肪酸，主要的有效成分是DHA和EPA。鱼油包括鱼的体油、肝油和脑油。鱼油中的DHA是大脑皮层和视网膜的重要组成成分，鱼油是促进宝宝脑发育的保健品。而如果孩子缺钙时使用鱼油是起不到治疗效果的。所以前面那位妈妈看到的只有30IU的维生素D也就不奇怪了。

鱼肝油，是从鱼的肝脏中提炼出来的脂肪类物质，主要有效成分是维生素D和维生素A。鱼肝油中的维生素D主要就是帮助身体辅助钙的吸收。

鱼肝油 VS 维生素 AD 滴剂

很多妈妈会问，鱼肝油就是我们所说的维生素AD滴剂吗？其实目前从口头表述来看，这两者貌似是同一所指，包括很多妈妈都会说医生就是叮嘱我们直接补充鱼肝油。但是细究的话，两者是不一样的。

鱼肝油是从鱼的肝脏中提取而来，是天然的食材，除了含有维生素A和维生素D以外，还有鱼身体里的其他成分。如果对鱼过敏的宝宝，要慎用鱼肝油。而且不同品牌的鱼肝油中维生素D的含量也不同，给宝宝服用的时候需要算一下维生素D含量，同时还要考量其他成分不能超量。

维生素AD滴剂大部分都是人工合成的，成分更单一，只有维生素A和D两种营养素。剂量也更明确，一般每粒维生素D的含量是400IU或500IU。如果医生说为了帮助钙的吸收，让你去补鱼肝油，那么基本指的就是维生素AD滴剂，可以直接在药店或医院购买。
（注：有些厂家会把"天然"作为卖点宣传，但在这一点上人工和
天然两者本质上并没有区别。）

维生素 AD VS 维生素 D

维生素A是视觉发育、维持免疫功能的必要营养素。缺乏维生素
A会增加夜盲症和病毒感染的风险。维生素A过量的后果也很严重，
轻者精神萎靡、呕吐，重者还会颅内压升高导致昏迷。

很多妈妈都很担心，维生素A和维生素D同补会导致维生素A中
毒吗？

0~3岁的孩子，每日推荐摄入的维生素A是1000IU（国际单位），
不应超过2000IU。市售的维生素AD滴剂一般每粒维生素A的含量是
1500~2000IU。维生素A的中毒剂量相当高，并且需要长时间大剂量
的摄入。所以，大家担心的中毒倒不至于，反而重点应该是有没有
必要补充维生素A。

欧美等发达国家已经很少存在维生素A摄入不足的情况，所以欧
美的滴剂中一般是没有维生素A的。在我国，随着营养结构的改善，
父母对婴幼儿喂养的重视，目前孩子缺乏维生素A的情况已经较少，
绝大部分都不需要再额外补充。

所以，最新版的《中国居民膳食指南》明确指出，0~6个月的孩
子只需要补充维生素D，没有再提到维生素A。因为妈妈的饮食可
以直接影响母乳中维生素的含量，所以6个月之前妈妈饮食均衡就
可以。

6个月之后的宝宝，只要正确添加辅食，能做到营养均衡，食物中的维生素A就足够满足宝宝的需求，无须额外补充。

从前维生素A和维生素D一起补是因为单纯的维生素D制剂提纯的工艺要复杂很多，但是现在国内也有了单纯的维生素D制剂，所以不缺维生素A的宝宝就没必要同时补充维生素A和维生素D了。

什么样的孩子需要维生素 A 和维生素 D 同补

世界卫生组织建议，在维生素A普遍缺乏的地区，给6~59个月大的孩子服用高剂量的维生素A补充剂。贫困地区维生素A缺乏的原因主要是比较少吃到富含维生素A的食物。

城市地区维生素A缺乏的原因主要就是饮食不均衡。所以，如果6个月之后辅食添加不顺利，或是偏食严重导致维生素A摄入不足，还是建议额外补充，对于这类宝宝更推荐维生素AD滴剂。很多纠结型的妈妈觉得孩子营养好像均衡，又好像不够均衡，所以一天维生素D一天维生素AD轮换补，也是不错的方法！

注意，富含维生素A的食物有动物肝脏、深色蔬菜。不过动物肝脏中的维生素A含量非常高，所以建议1岁以下的宝宝1~2周补充一次，以免维生素A摄入过多。

维生素 D VS 维生素 D_3

大家都知道孩子缺钙的主要原因其实是维生素D缺乏，导致钙剂无法很好地吸收和利用。维生素D是对所有D族维生素的统称，维生素D家族成员中最重要的成员是维生素D_2和维生素D_3。而维生素D_3是直接可以促进钙剂吸收和利用的D族维生素，普通的维生素D需要经过皮肤的代谢，转化为活性的维生素D_3才能起作用。

市面上的保健品及药品中所含的维生素D（不管是鱼肝油还是维生素AD滴剂），成分基本都是维生素D_3。所以大家不必过于纠结这个问题，从某个层面来讲，维生素D_3就是你想要的维生素D，维生素D就是你想要的维生素D_3。

本文观点参考：《美国儿科学会育儿百科》《中国居民膳食指南》

最容易被忽视的婴幼儿缺铁性贫血

每次谈到给孩子进补，大部分妈妈都会想到补钙、补锌、补DHA。其实，铁元素也至关重要，相较于其他几个，也更容易被忽视。人体需要铁来制造血红蛋白，如果铁元素不足，血细胞就会变得小而少。如果不积极改善，就会导致缺铁性贫血，对孩子眼下和今后的发展都有很大影响。

1.发育里程碑不达标

缺铁会影响宝宝达到各种里程碑的速度，这意味着即使看上去发育尚可，达标也会比别人晚。

2.身体和智力发育迟缓

缺铁会导致大脑和其他身体部位（如骨骼肌）的功能退化，容易出现智商较低，运动发育迟缓。

3.免疫功能受损

患有缺铁性贫血的宝宝免疫力也会比较低，持续的低免疫力会使婴儿容易感染和患病。

婴儿期的铁缺乏，对神经系统发育造成的影响往往是不可逆的。

什么样的宝宝更容易缺铁

铁元素只有两个获得途径，一是出生前从母体中获得，二是出生后从膳食中获得。

对于足月的宝宝来讲，出生时身体内就储备了足够的铁，以满足至少4~6个月的需要。这些储存铁是在胎儿期从母体内获得的，尤其是孕后期的几个月。但宝宝6个月之后，体内的储备铁消失殆尽，就需要从食物中获得，如果此时从膳食中获得的铁元素不足，机体就会缺铁。

如何预防婴幼儿缺铁

明白了婴幼儿体内铁的来源，那么预防缺铁就变得简单了。根据年龄，确保宝宝能获得足够的铁即可。预防之前，先来了解婴幼儿每日膳食铁需要量。

年龄	每日膳食铁需要量
0~6个月	0.27mg
7~12个月	11mg
1~3岁	7mg

0~6 个月，膳食铁的来源只有母乳或配方奶

0~6个月内，除了身体里的储备铁，额外的铁可以通过母乳、配方奶来满足，一般不需要额外补充铁剂。

但有两个关于铁元素的误区需要注意：

1.别总觉得母乳营养不够

母乳的平均铁含量为0.35mg/L，婴儿平均每天会进食780mL母乳，算一算，完全可以满足每日所需。虽然母乳中铁的含量比配方奶中要少，但是"生物利用度"很高，大约为可用铁的49%。母乳中还含有高水平的乳糖和维生素C，有助于铁的高效吸收。所以，母乳喂养的宝宝，前4~6个月坚持喂母乳就可以了，不用琢磨额外补充铁剂。因为母乳宝宝铁剂过量也不是好事，容易引起生长发育迟缓、头围下降、腹泻、减少重要矿物质锌和硒的吸收。

2.别总觉得配方奶营养过剩

大多数强化铁的婴儿配方奶粉含有12mg/L的铁。但婴儿配方奶粉中铁的"生物利用度"远低于母乳。虽然配方中的铁含量看上去高，但美国儿科学会认为即便12mg/L的铁对婴儿也是安全的。为了减少婴儿缺铁性贫血的病例，自1969年以来，美国儿科学会就强烈建议，所有的婴儿配方奶粉都要加铁，从婴儿出生到12个月，或直到他在饮食中摄入足够的铁为止。

有的妈妈觉得铁含量多会导致便秘、反流、抽筋、腹泻、肠绞痛、放屁、过敏等症状，但研究表明，这些担忧是没有根据的。相反，缺铁导致的相关问题要严重得多。所以，除非医生建议，否则不要擅自给宝宝选择低铁奶粉。

6个月之后，及时引入高铁食物

不管是母乳宝宝还是配方奶宝宝，都应该在4~6个月之后添加铁含量比较丰富的食物。

食物中的铁分为两种：血红素铁和非血红素铁。

血红素铁主要存在于肉类、鱼类、动物肝脏中。

非血红素铁主要存在于植物中，比如蔬菜、豆类和谷物类。

其中，血红素铁比非血红素铁更容易被人体吸收，是补铁的首选。所以，动物性高铁食物要尽早给宝宝引入。有的妈妈觉得肉类难以消化，但是各大权威机构最新出台的建议已经指出：添加辅食不必按照固定顺序，大可变着花样来。而且也不是直接就上大块肉泥，只是定期在食物（比如米粉、蔬菜泥）中混入少量肉类。正确的嫩化、泥化、烹饪后的肉，纤维和结缔组织都会被充分地分解，可以大大提高其消化性。

一些提高宝宝铁摄入量的技巧

1.把肉类研磨得更细一些

最新研究发现，肉越细，人体就越容易吸收其中所含的铁，打成肉泥、切成小肉粒都可以。

2.高铁食物搭配维生素C

维生素C可以将非血红素铁转化为更容易被人体使用的形式，帮助身体吸收更多的铁。所以吃补铁食物的同时，搭配点新鲜蔬菜和水果，效果会事半功倍。

比如我给CC常备的食谱：意大利面+肉+番茄酱。肉类中含的是血红素铁，意大利面属于谷物，含的是非血红素铁，加上番茄中的维生素C，这种组合可以让人体最大程度地吸收铁质。

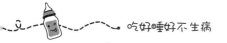

3.烹调谷物和豆类的时候加点洋葱和大蒜

最新研究表明，洋葱和大蒜可以帮助增加人体摄入谷类食物中的铁和锌。

4.铁和钙尽量避免同时补

当涉及铁的吸收时，钙是双重麻烦，因为它可以将血红素和非血红素铁的"生物利用度"降低50%~60%。所以最好错开，比如当你某顿想给娃着重吃点鸡肝补铁的时候，牛奶可以错开喝。

5.哺乳妈妈补铁对宝宝没有效果

虽然怀孕期间（尤其是孕后期）补铁可以增加胎宝宝身体中的储备铁含量，但很遗憾，哺乳妈妈增加自己的铁摄入量，并不能增加母乳中的铁含量。所以，给孩子好好添辅食才是正经事哦。

常见含铁量高的食物

1.肉类

红肉（特别是牛肉和羊肉）

动物肝脏

2.豆制品类

豌豆

豆腐

红豆

黑豆

3.蔬果类

深绿色叶菜

（注：菠菜中的铁并不好吸收，因为菠菜中的草酸盐会抑制它的吸收。）

西蓝花

苋菜

牛油果

芋头

山药

4.谷物类

全麦谷物

小麦胚芽

大麦

藜麦

所以，宝宝在6个月之前好好喝奶，6个月之后好好吃高铁食物，大部分宝宝都不会缺铁。

宝宝缺铁有什么明显症状

1.皮肤苍白

血流量减少和红细胞数量减少可能会改变皮肤的自然颜色，主要体现在眼睑、口唇、耳垂和手指等部位。

2.挑剔和脾气暴躁

缺乏一定量铁的孩子可能因为红细胞减少而感到疲倦、虚弱和暴躁。

3.对食物缺乏兴趣和食欲不振

孩子比正常人少吃或根本不吃东西。

4.异食癖

异食癖是宝宝渴望吃污垢或泥土等非食物的状况，这是营养素缺乏的一个重要指标。

5.身体发育指标不理想

由于人体血红蛋白含量低，细胞没有足够的氧气可供生长，所以宝宝的身高、体重和头围的增长都会减少。

（注：2、3两点大家不要对号入座，宝宝不爱吃饭、爱发脾气的原因有很多，这只是参考标准之一。）

总的来说，如果把好喂养关，大部分的孩子都不容易缺铁。如果怀疑宝宝缺铁，一定要去正规医院查血常规，看血液中的血红蛋白水平和红细胞形态，按医生的要求补充铁剂，千万不要擅自补充。人体内铁含量过高也对宝宝有潜在危害，比如铁补充剂可能会干扰锌的吸收，甚至可能导致胃部问题，如恶心、呕吐和便秘，等等。

（注：本文泛指足月出生的正常宝宝，早产儿、低体重儿，以及糖尿病控制不佳的妈妈的婴儿需要在某些阶段额外补充铁剂，谨遵医嘱就好。）

益生菌千万不要自己随便补

世界顶尖科学期刊*Cell*发表文章称，益生菌不仅几乎无用，实际上还会给人体造成伤害。

想必做了父母的人对益生菌都不会陌生，看平日里妈妈们的留言就知道了。

C爸，宝宝一直便秘，从月子里开始吃妈咪爱，2个月开始一直吃四联片，可是都没什么效果，益生菌长期吃有没有关系？

C爸，宝宝63天，纯母乳喂养40天左右开始腹泻，用过妈咪爱、思密达！停药又使劲拉，不知道该怎么办了？

宝宝一直哭闹，怎么哄都不行，不知道到底哪儿不舒服，我觉得可能是胀气或是肠绞痛，喂点益生菌会不会好点？

由于被商家过度宣扬，而且吃了对身体也无明显伤害，益生菌显然已经成了妈妈们在养娃路上寻求心理安慰的一根强韧稻草。我们都知道益生菌是一种活的微生物，数以百万计的人服用抗生素

后，通过服用益生菌来促进微生物群或肠道生态系统恢复。

然而，它真的那么有效吗？我们先来看看最新的这项研究，都研究了些什么？

以色列魏茨曼科学研究所（Weizmann Institute of Science）的免疫学家埃兰·伊莱纳夫（Eran Elinav）及其同事利用内窥镜和结肠镜直接对健康志愿者的肠道菌群进行了取样，以了解当人们摄入益生菌时，肠道内究竟发生了什么。然后他们给15名志愿者服用市面上可以买到的益生菌补充剂。结果是惊人的。

首先，在粪便中发现的微生物并不代表那些在肠道中定居的微生物。伊莱纳夫说："这就意味着，以往依靠粪便样本作为肠道内部活动的指标，判断服用的益生菌是有效还是无效的检测，是不准确和错误的。"

这项研究还表明，益生菌的吸收有很高的个体差异性，有的人服用之后就吸收了，有的人就直接排出了。而仅靠粪便样本检测，不能分辨出自身机体是哪类。也就是说，每个人都能从普通益生菌中获益的理念，从这个实验结果来看是错误的。

仅仅如此，还不是最惊人的，最令人难以置信的是，益生菌还对人体自身菌群恢复有极大的干扰。我们知道，如果服用抗生素过多，就容易引发肠道菌群失调，因此，很多治疗建议是服用一些益生菌，调节肠道菌群。

接下来，研究人员测量了使用抗生素后服用益生菌对微生物数量的影响。

21名志愿者参加了相同的抗生素疗程，然后被分配到三组中的一组。

第一组自行恢复；

第二组给予益生菌；

第三组采用粪便微生物群移植（FMT）治疗（即用一定剂量的服用抗生素之前的"自身原始微生物组"进行治疗）。

在抗生素治疗结束后，益生菌很容易在第二组的每一个人的肠道中繁殖。然而，研究人员惊奇地发现，这使得人体正常的微生物群在6个月内无法恢复。"益生菌非常有效且持续地阻止了原来的微生物群回到原来的状态。"伊莱纳夫说，"这对我们来说，是非常震惊的，到目前为止还没有研究描述过益生菌的这种不利影响。这可能是有害的。"

第三组通过FMT治疗，患者的肠道菌群在几天内就恢复了正常。虽然研究人员没有测量延长的微生物组紊乱的临床影响，但之前的研究已经发现肠道微生物紊乱与肥胖、过敏和炎症之间的联系。

比起锌、钙，益生菌好像是那个无所不能的，腹泻吃、便秘吃、胀气吃、长了湿疹吃、有病吃，没病还要吃！虽然理解给孩子补一补，宁多勿少的心理，但是没有研究表明益生菌对孩子的生长发育有帮助，健康的宝宝是不需要长期服用益生菌的。肠道本身有自我调节的功能，如果长期食用益生菌，产生依赖性反而会使肠道逐步丧失自身繁殖有益菌的能力。如今的最新研究证明，它反而有可能会伤害孩子。所以，妈妈们千万不要乱补。

益生菌在医学领域的应用和研究历史并不长，在婴幼儿中的运用时间更短。当然，并不是说益生菌在医疗中完全无用，某些特殊

的益生菌，针对某种特殊的疾病可能确有效果。比如，有研究表明，针对急性感染性导致的水样腹泻，给宝宝服用含有布拉酵母菌、鼠李糖乳杆菌这两种益生菌的制剂，可减少宝宝腹泻排便的次数，缩短腹泻病程半天到两天，减少宝宝的住院时间。但是这需要医生根据个体差异、具体的病情以及检测指标对患者量身定制，绝对不是抱着有病治病、无病强身的心理，随便给孩子补一补的。所以，有治疗需求时，益生菌不是不可以用，但不建议家长自行随便给宝宝喂食。想要宝宝营养充足，膳食均衡虽是最笨却是最正统的法子，其他任何一条捷径，也许都存在着未知的风险。

奶瓶使用风险多，宝宝该用到多大

　　孩子用奶瓶到底该用到多大？在很多妈妈的脑子里是模糊的，有的人不觉得需要戒，有的人想给孩子戒，但因困难重重也就放任自流了。

　　奶瓶戒除的时间，比你想象中早得多！口腔科大夫建议："能正常接受勺子喂食后（一般6个月开始添加辅食之后），越早让宝宝戒掉奶瓶越好。"

　　美国儿科学会建议，6个月之后的宝宝，就该逐渐减少奶瓶和安抚奶嘴的使用，开始慢慢学习使用学饮杯或杯子喝水了，到1岁之后就应该停止奶瓶的使用，最晚不应该超过18个月。

　　有妈妈会说："用什么喝不都是喝？干吗非得逼孩子戒奶瓶？"因为奶瓶使用时间过长或过于频繁，有很多意想不到的健康风险。

最常见的就是牙齿问题

　　1岁半以内的宝宝，过度使用奶瓶更容易造成"奶瓶性蛀牙"。奶瓶会让宝宝前部的牙齿长时间接触液体，这个月龄的宝宝基本没有断奶，奶里的糖会被细菌分解为酸性，长时间接触更容易腐蚀牙齿。1岁半之后的宝宝，则容易造成牙齿咬合不齐。常见的有两种：一种是下颌前伸，使下齿覆盖上齿，也就是常说的"地包天"。另一种是下颌后缩，使上齿覆盖下齿，俗称"天包地"。如果有含奶嘴睡觉的习惯，时间久了还可能造成牙齿和嘴唇变形。

1岁半之后如果不能尽快地帮宝宝戒掉奶瓶，就要尽量把风险降到最低。注意喂奶的姿势，不能把奶瓶竖得太高，这样会让宝宝不由自主地下颌前伸。用奶瓶喝完奶之后要及时刷牙，一定不要养成含着奶嘴入睡的习惯。

过度使用奶瓶有可能造成营养缺失

我们一直提及辅食的重要性和必要性，大多数的宝宝都能在6个月之后顺利地引入固体食物，1~2岁逐渐过渡为食物为主，奶为辅。1岁之后的宝宝，建议饮奶量400~500mL，但有研究表明，奶瓶会让宝宝不自觉地摄入更多的液体，进而影响辅食等固体食物的摄入量。那么，从固体食物中摄取的营养成分就少了，其中最明显的就是铁元素。

宝宝6个月之后铁元素的需求量会增加，而奶中的铁含量较低，7个月之后不管是母乳中的铁含量还是配方奶中的铁含量，都无法满足孩子的生长需求，所以需要添加丰富的膳食来补充。但宝宝的胃就那么大，如果用奶瓶摄入了过多的奶，那么过量的奶加上不足量的辅食，更容易导致缺铁，严重的还有可能出现缺铁性贫血。

影响宝宝口腔肌肉群的锻炼

当使用吸管杯或敞口杯的时候，口腔内各器官的运动模式是：舌尖顶住下牙齿后面，然后把液体推到后面进行吞咽。但使用奶瓶的时候，奶瓶会阻碍舌尖提起的动作。

当吃食物时，口腔内各器官的运动模式是：初期添加辅食时上下唇闭住、抿入，用舌头往后推、用舌头抵住上腭上下碾压，之后用舌头翻转食物和旋转咀嚼，这一切的动作比用奶瓶喝奶要复杂百倍。

所以多让宝宝吃辅食，以及用吸管杯或敞口杯喝水，可以更大程度地调动嘴唇、脸颊肌肉、舌头和下腭的综合运动。如果过度使用奶瓶，宝宝就减少了这两种锻炼口腔肌肉群的机会。

可能有妈妈会问了："锻炼这些有啥用呢？"这些不仅仅会影响宝宝今后更好地咀嚼和吞咽食物，更会影响他的发音处理。比如，用上下唇把食物抿进嘴巴的动作，可以锻炼宝宝控制上下唇的能力，那么将来他发唇发音节 mo、wu 等时，就可能更容易。

有可能养成不好的饮食习惯

我见过一个比较极端的案例：6个月需要添加辅食之后，这个宝宝什么都不吃。他越不吃，家人越担心他营养不够，越是想尽办法让他吃。不知道哪天家人想了个主意，把小米粥放进了奶瓶里，结果宝宝喝了。

但是在这之后，宝宝更不接受用其他容器和方式吃辅食了。为了让他多吃点、喂起来更方便些，大人开始直接把米粉、蛋黄，甚

至鱼肉等辅食都做成流食，灌入奶瓶里，再把奶嘴剪大，把奶瓶当作"喂食器"。

表面看起来宝宝吃得多了，实际上这就丧失了添加辅食的意义。我们给宝宝添加辅食，补充营养是很重要的一个方面，但更重要的是，通过改变食物的性状，培养宝宝的吞咽和咀嚼能力，锻炼他的抓握和精细动作，让孩子的饮食习惯，从婴儿向成人过渡。所以，永远不要用奶瓶给宝宝喂流食，奶瓶里只装奶或水。

戒奶瓶遇到的那些问题，答案全在这里了

　　戒奶瓶这事，越早开始一定是越容易的，因为宝宝越大，对奶瓶的依赖性会越强，毕竟除了提供营养，奶瓶还意味着舒适性和安全感。那么，如何才能让宝宝戒得容易些？

6个月之后，是引入杯子的最佳时机

　　美国儿科学会建议，当6个月之后的宝宝吃第一口辅食的时候，就要开始教他用杯子喝水（本文中，杯子泛指鸭嘴杯、吸管杯、敞口杯）。添加辅食的时候，就在宝宝旁边放一个杯子，杯子里可以放母乳、配方奶、水，也可以直接用勺子喂给宝宝。这样就自然而然地引入了新道具，宝宝开始不接受也没关系，最重要的是让他知道，奶瓶不是摄入液体的唯一工具。刚开始大人可以给宝宝演示如何用杯子喝水，也可以在杯嘴沾点稀释的果汁或奶，来提起宝宝对杯子的兴趣。这个月龄的宝宝，总的来说时间是相当宽裕的，你还有至少半年的时间，所以慢慢过渡即可。

　　但是要注意以下几件事：

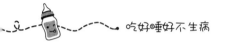

不要只用吸管杯装水、奶瓶装奶，形成固定思维之后，宝宝会拒绝吸管杯里的奶；

不要让宝宝吃着奶睡觉，形成睡眠依赖；

6个月之后返回职场的母乳妈妈，宝宝拒绝奶瓶的话，那就直接尝试给宝宝用水杯，跳过奶瓶。

如果6个月之后一直把奶瓶、吸管杯或者敞口杯混着用，那今后戒奶瓶根本就不会是一个问题了。

最晚9~12个月，宝宝就完全具备了直接用水杯的能力，那么1岁之后你需要做的，仅仅是增加吸管杯或敞口杯的使用率，减少奶瓶的使用率，直至不用奶瓶。

1岁以后要有意识地戒除

12~18个月，应该逐渐过渡为不再让宝宝用奶瓶喝水或奶，直接用杯子喝，当然碗也行。1岁也是建议从配方奶转变为牛奶的时候。这可以变成一个天然的过渡，直接用吸管杯或敞口杯装纯牛奶，盒装的牛奶可以直接用自带的吸管，把它作为一种新的食物形式引入。

1岁之后才开始引入吸管杯或敞口杯的，最好也从吃饭开始。把孩子带上餐椅吃辅食时，直接把牛奶倒进吸管杯或敞口杯。可以给宝宝一些鼓励和解释，"你现在是大宝宝了，可以跟大人一样用吸管或杯子。"

1岁以后常见的一些问题

1.宝宝要怎么开始戒奶瓶

从宝宝开始接触水杯，到完全乐意用水杯喝各种液体，通常需要6个月的时间。所以，这是一场持久战，妈妈们既不要灰心，也不用心急。戒奶瓶是个循序渐进的过程，不管孩子多大，都不需要一次性全部戒掉。正确的做法是先从一天中的某一次开始，逐渐增多，直到完全取代。美国儿科学会建议的顺序是，中午-早上-晚上，因为中午那顿依赖性最小，睡前的奶瓶最难戒。如果中午这顿宝宝偏要奶瓶，还可以采用拖延战术，跟宝宝保证稍后就可以用到。可以解释："现在奶瓶出门旅游了，晚上就回来啦。"当他晚上真的又可以用到的时候，大部分宝宝都能接受这暂时的"小别"。中午固定用吸管杯之后，下个星期就可以尝试戒除早上这顿的奶瓶了，方法类似。

2.睡前不用奶瓶，半夜会饿醒怎么办

那些怕孩子会饿的妈妈，先看看孩子的饮食结构是否合理。1岁之后固体食物的比例应该越来越高，奶的摄入量400~500mL就够了。有一个事实是，1岁之后如果奶的摄入量过高的话，那么孩子会常常感觉到饿。所以，第一步应该先解决饮食结构的问题，给宝宝建立规律且合理的饮食习惯，要保证足够固体食物的摄入。

有位妈妈留言说孩子22个月，半夜要喝2~3次奶，不是纯粹的为了满足吮吸，而是每次冲150mL都能喝完。排除猛长期偶尔会出现几天这种情况之外，如果这已经是一种常态作息，那么这里出现的饥饿问题就属于饮食结构不合理。说明白天的食物摄入量不足以满足孩子的生理需求，而且他已经习惯了靠夜间食物来补充。但是夜间补充过多，不仅会影响他的睡眠，还会影响他第二天日间食物的正常摄入，这是一个恶性循环。

1岁之后的宝宝，如果夜间还需要多次进食，可以在睡前加餐，添一些固体食物，喂饱孩子，睡前肚子不饿，自然也就喝不进去太多奶。如果孩子不肯吃固体食物，那就提前喂奶，执行睡眠程序前，先把夜奶的量喂够了，临睡觉自然就喝不下去多少了，生理依赖变小了，心理依赖自然也就弱了。1岁之后的宝宝如果白天可以做到充足喂养，那么夜间一般不会被饿醒，这个时候可以在奶瓶里装水代替奶。

3.宝宝睡前依赖奶瓶，不喝睡不着怎么办

依赖奶瓶奶睡的孩子，应该是最难戒奶瓶的，因为此时的奶瓶俨然已经不再是一个喝奶工具那么简单，它已经变成了孩子的安抚物。对于这种宝宝，上来就戒奶瓶，恐怕比断奶还费劲。这就涉及自主入睡的问题了，在断奶瓶之前，先给孩子引入新的安抚物，或者改变入睡仪式，可以尝试先喂饱奶，再进行接下来的睡前仪式：洗澡、听歌、讲故事。先帮他过渡到在新的安抚物陪伴下能自主入睡，或者不是必须喝着奶瓶才能睡才是最重要的。不存在饥饿问题，再解决心理依赖问题，那么自主入睡、一觉到天亮就是水到渠成之事。

4.不用奶瓶孩子不喝奶，饮奶量下降怎么办

开始不用奶瓶时，妈妈们可能会发现，孩子比以前喝得少了，甚至不爱喝奶了。

1岁之后，牛奶是比配方奶更适合宝宝的食物，1岁之后摄入奶的一个很大目的就是给孩子补充足够的钙质。如果此时因为使用水杯造成了奶量摄入减少，除了做循序渐进的尝试之外，给孩子喝酸奶、吃奶酪等其他奶制品，也能达到一样的功效。

200mL牛奶=200mL酸奶=1片奶酪。100g奶酪就可以满足一个成年人每日的钙需求。

通常等宝宝习惯了杯子，摄入量也会涨回来。放心吧，最终宝宝会拿起杯子喝的，因为，宝宝真的很渴想喝啊！

5.几个有用的招数

把稀释过的牛奶装入奶瓶，杯子里装没稀释过的；

在杯子里放他喜欢的饮品，在奶瓶里放他不喜欢的饮品；比如杯子里的牛奶可以混合一些草莓泥变成粉色。

在奶瓶里装很少量的奶，在杯子里装满满一杯，放在奶瓶旁边；

睡前的奶瓶里只放水，奶放在吸管杯里；

当宝宝使用杯子的时候，给予大量的赞美之词和正面的鼓励。例如，如果奶奶在附近，我会说："看，CC是个大姑娘了，她在用杯子喝牛奶呢！"

总之就是通过对比，让孩子觉得奶瓶用起来各种闹心，吸管杯用起来各种让人满意，让他觉得吸管杯比奶瓶更好用。

1岁半之后，奶瓶应该彻底退出了

1岁半之后还是戒不掉奶瓶的宝宝，说明他对奶瓶已经非常依赖了。如果孩子一直强烈要求用奶瓶，我们就得分析一下他真正需要的是什么。如果是渴或饿，那就在杯子或盘子里提供食物；如果是精神依赖，那就给他找更合适的安抚物；如果是无聊，那么请坐下来陪他玩。

用杯子替换奶瓶，对于某些宝宝毫无压力，可对于有的宝宝，堪比二次断奶，还有一些宝宝就是吸吮的需求特别强烈，还不能强迫戒除。毕竟比起具体的时间，孩子的心理需求应该优先满足和解决。戒奶瓶不易，但是选择合适的时机和正确的方法，在很大程度上可以减小断奶瓶的难度。所有的好事发生得越早越好，所有的事后补救都是需要付出代价的。

本文观点参考：《美国儿科学会育儿百科》《海蒂育儿大百科》《婴幼儿心理学》

乳牙反正早晚会掉，给婴儿刷牙有没有必要

中国政府曾公布过一份全国性的牙齿健康报告。报告指出，60%的中国人从来没有看过牙医，每10名老人中就有一人完全没有牙齿。按照国外口腔科的经验，通常牙医和人群的比例应该达到1∶2000到3000。目前国内上海发展最好，可以达到1∶6000到7000。在二线城市，整体上牙医和人群的比例是1∶20000左右。

国人普遍不重视口腔护理，更不重视婴幼儿牙齿护理，认为"反正早晚会掉"的乳牙不重要。殊不知，给孩子一口好牙是他一生的财富：婴幼儿时期不用怕蛀牙影响他的正常饮食，进而影响身体发育；青年时期不用怕一口龅牙给他带来自卑感，进而影响他的心理健康；到了老年时期一口好牙能保证他晚年生活更有质量。

婴幼儿牙齿保健何时开始

很多人都认为没有必要给婴儿刷牙，美国儿童牙科学会前任主席，现肯塔基州帕迪尤卡牙医贝弗利·拉真特说："宝宝长出第一颗牙就要刷，如果长出两颗牙齿（相邻），就要开始使用牙线。"

大部分宝宝会在6个月左右长出第一颗乳牙，当然，这并不是衡量宝宝生长发育状况的指标。为了防止龋齿风险，美国儿科学会建议，宝宝1周岁时要开始停止使用奶瓶，到18个月时要完全戒除奶瓶。宝宝长出第一颗牙齿后就应该带他去看牙医，之后每半年至一年都要带宝宝进行口腔检查。

即便乳牙还未萌出，也应该每日为宝宝清洁口腔。不要忽视了乳牙，它虽任期不长，却是恒牙的根基。它担负着许多重要的功能，包括通过正常咀嚼获得充足的营养，帮助说话发音，以及帮助占领恒牙生长发育所需要的空隙等功能，而且有利于颌骨的发育。

宝宝刚出牙时，牙龈会有酸痛感，会烦躁不安并哭闹不止，这个时候用干净纱布蘸温水轻轻擦拭牙龈。纱布最好不要重复使用。家长可以在家常备一些独立小包装一次性无菌纱布，方便又卫生。

待乳牙半萌出时，可试用一下硅胶指套牙刷，但一定要注意清洁和消毒，最好使用前煮沸1~2分钟以做消毒。

如何给宝宝刷牙

1.乳牙萌出时期

用手指翻开下唇，刷头垂直于牙齿表面刷前牙外面，牙刷左右小幅度移动；

牙刷和牙齿平行放，刷内侧；

向上向外刷出；

上牙同理，保护上唇及上唇小带，牙刷垂直牙面横着刷；

上牙内侧，和牙齿平行放牙刷然后往外刷出。

特别提醒：上牙内侧容易有残留奶。

2.乳牙全部萌出后

除以上步骤外，还要刷最后一颗乳牙。注意控制力量，牙刷垂直牙齿咬合面，刷窝沟内部，动作幅度要小。刷最后一颗乳牙后，牙刷倒向内侧，刷里侧，刷颊侧时，让孩子稍微闭一点嘴更容易刷。这个时期刷牙间部时需要牙线，开始时轻轻地、慢慢地前后拉动牙线到牙龈附近，再往下前后移动拉下。

各个年龄段刷牙重点

1.0~1岁

特点：刷牙时孩子觉得像在玩一样。

目的：让孩子习惯刷牙。

方法：可以在孩子高兴的时候刷牙，可以使用含氟牙膏，这样能更有效地预防蛀牙。

2.1岁

特点：在家长的坚持和努力下，宝宝习惯了刷牙。

方法：准备2只牙刷，一只给孩子自己练习，一只给大人用，给孩子一天至少刷两次牙齿。这期间，孩子可能不愿意让大人给刷牙，这很正常。大人要想办法，唱歌、看和刷牙相关的动画片、用毛绒玩具做刷牙游戏等都很有效。

3.2~3岁

方法：习惯躺着刷牙的孩子就躺着刷，容易动的孩子，大人可让孩子安定下来后再刷。可以适当给孩子讲为什么要刷牙，使孩子

慢慢明白刷牙的重要性。大人要高效率、快速地给孩子刷牙，一定要刷到上牙前部及上下大牙。使用含氟牙膏及牙线。磨牙长好后可以做窝沟封闭，预防蛀牙。

牙刷和牙膏的选择

1.婴幼儿到底要不要用含氟牙膏

美国牙医学会2014年明确给出了指导意见：监护人应该在孩子牙齿萌出后立刻给孩子刷牙，同时使用含氟牙膏，但用量要控制。能改善口腔健康的最简单有效的法宝就是氟，它可以坚固牙釉质，减少蛀牙风险。牙膏中的氟添加剂可以帮助孩子减少约50%的蛀牙。但是牙膏一定不可以过量，3岁以下薄薄一层、3岁以上豌豆粒大小就可以。

2.可食性儿童牙膏不是真的可以吃

可食性儿童专用牙膏的设计，只是说明儿童在刷牙期间因不注意而吞咽牙膏成分时，不会引起任何毒副作用。但并不是可以随便吃，只要注明含氟，都不可食用。

3.牙刷刷毛不是越软越好

牙刷刷毛越软，清洁能力越差，市面上针对婴幼儿设计的牙刷刷毛都足够柔软，家长不必一味追求过软的牙刷刷毛。婴幼儿应选择刷头窄小、易伸入口腔内部的牙刷，因为需要家长协助，刷头太大容易清洁不彻底。

4.慎用电动牙刷

婴幼儿对电动牙刷还不能做到正确操作，刷牙力度过大或长时间把电动牙刷停留在一两颗牙齿表面，不仅容易造成牙周组织受损，还会磨损牙釉质。

如何让宝宝爱上刷牙

1.刷牙概念尽早灌输

好习惯的养成越早越好，而且小时候就培养，长大以后更容易接受，就如同安全座椅一样。只要是对孩子的长远健康有益的事情，我们就必须坚持。

2.刷牙也需要诱惑

CC很小的时候我们就当着她的面刷牙，并表现出非常有趣的样子，所以她很早就对刷牙产生了兴趣，每次都想抢我们的牙刷塞进嘴里。给她买了第一个牙刷之后，就顺利地开启了她每日和大人一起蹭牙齿这个游戏。

3.多鼓励、多夸奖

在某次刷牙较量中，CC就曾因为C爸违心地夸她牙刷的位置拿得好，屁颠屁颠地去刷牙了。即使宝宝开始只能坚持几秒，你也要给予大大的肯定，比如："宝宝太棒了，真配合哦！"大点儿的孩子，也可以搞个奖励榜，每次刷完可贴个五角星或者笑脸。

4.借助绘本的力量

CC主动爱刷牙，是从一本书开始的，佐佐木洋子的《噼里啪啦系列》中有一本叫作《我去刷牙》。CC爱上这本绘本后，每次刷牙都会主动要求刷上面、刷下面、刷左边、刷右边。就像书中的三个主角河马、小猪、小老鼠一样，刷完之后会说，河马刷牙、猪猪刷

牙、老鼠刷牙、CC刷牙。

CC还喜欢一本叫《鳄鱼怕怕 牙医怕怕》的绘本，这本书讲的是鳄鱼牙齿坏了去看牙医的过程。这个故事可以有效控制小朋友吃甜品。每次CC要多吃甜食的时候，如果我说："你要像鳄鱼一样去看牙医吗？"她就会有所收敛。

5.不要强迫

想要孩子接受什么就去诱导他，想要他拒绝什么就强迫他。家长过分强迫会给孩子留下阴影，循序诱导才是正道。

让宝宝刷牙是一件非常锻炼持久意志力的事情。做成一件事不难，难的是每日坚持去做，成功就在于"再坚持一下的努力之中"，这不正是我们想要教给孩子最好的品质吗？冰冻三尺非一日之寒，滴水石穿非一日之功。从点滴做起吧。

为什么刷牙也挡不住宝宝蛀牙的脚步

听过无数妈妈吐槽："明明每天都给宝宝刷牙，为什么还是产生了蛀牙了？"从前只是偶尔有身边的亲戚朋友给C爸发来孩子蛀牙的照片，让他帮忙联系牙医。CC一上幼儿园我才发现，孩子们的牙齿情况居然比想象中还糟糕，幼儿园入园体检结果显示，儿童龋齿率极高，个别班级龋齿率高达54%。CC班上有个小同学居然已经满口黑牙，小同学的妈妈赶紧给大家解释，说孩子不配合，每次就拿把牙刷糊弄两下就过去了，家里老人也总说，乳牙没什么，早晚也要换，最后的结果就是满口牙齿都黑了。

之前也看过美国儿科学会的统计数据：孩子2岁时，大约10%患有1颗或者多颗蛀牙；3岁左右时，这个比例上升到28%；而在5岁时，孩子中有将近一半都会出现不同程度的蛀牙。如果你每天都给孩子刷牙，他依然出现了蛀牙，也许是因为饮食不合理和清洁不到位。

饮食不合理

1.饮食结构不合理

很多妈妈觉得冤枉："我家宝宝从没吃过糖，也有好好刷牙，

为什么也有龋齿？"糖分高的食物确实更容易引起蛀牙，但是即便杜绝了糖果，也不一定就远离了蛀牙。

现在人们吃得过于精细，宝宝餐更是精细之最。宝宝常吃的食物里90%都含有糖和淀粉，而且多是黏稠性强、质软而精细的食物，这些物质很容易黏附在牙齿表面。任何含有糖或淀粉的食物在被细菌分解后，都会产生酸性物质侵害牙釉质，继而引起蛀牙。所以，初加辅食的时候再怎么精细也不为过。但随着宝宝的成长，一定要给他提供适合咀嚼练习的食物。合理地安排从"泥状"到"碎屑状"到"手指食物"再到"完整食物"的过渡。

另一种不合理的饮食结构，就是偏食。宝宝的牙齿发育时期，营养决定牙齿组织的生化结构，钙化良好的牙齿抗龋性高。另外，如果食物中含有的矿物盐类、主要维生素和微量元素，如钙、磷、维生素B$_1$、维生素D和氟等不足，牙齿的抗龋性就低，那么龋齿发病率就会增高。均衡的饮食是健康的基础，不挑食的习惯会让宝宝受益终身。

2.饮食习惯不合理

很多孩子的吃饭习惯是正餐不吃，零食不断。这个问题在上幼儿园之前散养在家里的宝宝身上尤其明显。除了饮食结构的问题，引起蛀牙最直接的原因是食物和牙齿的接触时间和频繁程度。正是这种频繁接触食物的习惯，才加重了宝宝蛀牙发生的概率。同样是果汁，宝宝用奶瓶一口一口慢慢吸着喝，让果汁缓慢又持续地接触牙齿，要比用杯子一口气喝完更易引起蛀牙。而同样是5块糖，宝宝分散在一天中不同的时段吃，让糖果频繁地接触牙齿，比一次性吃完更容易引起蛀牙。一顿饭分多次喂、边玩边喂也更容易引起蛀牙。都说零食对牙齿危害大，其实更重要的在"零"不在"食"。蛀牙更取决于吃的频率，而不只是吃的量。多次进食，就会使口腔处于酸性环境中的时间变长，增加龋齿发生的概率。

另一种不合理的饮食习惯，就是喝奶时长与频率的不合理。很多2~3岁的宝宝很容易发生奶瓶龋，常见于使用奶瓶时间过长，喜欢半夜喝奶、叼着奶瓶睡觉，而家长没有重视给孩子进行牙齿清洁的宝宝。这个年龄段的孩子，刚刚长出乳牙，牙齿脆弱，抗龋能力也很弱。如果不注意，非常容易龋齿，更不能为了多喂食物把流食装进奶瓶喂养。

清洁不到位

1.开始刷牙的时间晚

很多1岁的宝宝，甚至还没吃着什么人间美味，牙齿却早早出了问题。其中一个重要的原因就是开始刷牙的时间太晚。

宝宝应该什么时候刷牙？

从萌出第一颗牙齿开始，就应该给宝宝刷牙了。大部分宝宝会在6个月左右萌出第一颗乳牙，而这个时候也差不多是需要添加辅食的时间。开始添加的泥状辅食很容易附着在牙面，如果不刷牙，口腔就会滋生细菌，特别是乳酸杆菌，能令糖和其他食物残渣发酵，产生乳酸，破坏牙齿结构，成为蛀牙。所以，不要以为孩子没正式吃饭就不用刷牙了。除了刷牙清洁口腔，每次宝宝喝奶或进食后都尽量给宝宝喝点白开水漱漱口。

2.刷牙方式不正确

很多妈妈都表示确实给孩子刷牙了，甚至还刷够了两分钟。如

果每天早晚刷牙却达不到效果，就要考虑刷牙方式是否正确。除了清洁牙面，还要仔细刷干净牙缝、牙龈沟和舌侧这些盲区，不让病菌有"可趁之机"。

刷牙方式要正确，不可来回横刷，横刷极易造成牙颈部出现楔状缺损。正确的刷牙方式，目前推荐最多的刷牙方式是巴氏刷牙法，可以全方位清洁牙齿，去除高达90%的牙菌斑。牙刷在牙面与牙龈上"打圈"。刷牙齿咬合面时，牙刷在牙齿上方水平运动。刷牙齿背面时，刷毛与牙齿呈45~60度（这一步很关键）。

巴氏刷牙法是目前普遍认为最有效的刷牙方法。但是用这种方法给宝宝刷牙确实有点难度，如果孩子不是特别配合，也可以使用简单版的"画圈刷牙法"。它不是最有效的，却是最容易操作的，更适合低龄宝宝，用在牙齿上画小圈的方法刷，照顾到所有的牙齿表面。

美国牙科协会建议，每天早晚用含氟牙膏刷牙两次，每次两分钟。研究表明，刷牙不足两分钟是口腔卫生不好的主要原因之一。牙科学会还建议家长要帮孩子刷牙至7岁，在确保孩子能够有效地刷牙前，家长都需要帮助和监督孩子刷牙。

3.刷牙过度

刷得敷衍是问题，刷得过于认真也是问题！

很多宝宝的牙齿问题，正是大人刷出来的。宝宝的牙齿相对脆弱，大人如果按自己的刷牙力度帮宝宝刷，那就可能会用力过度。刷牙力度要适中，力量太大容易造成牙体组织非龋性损伤。正确的方式是轻拂牙面，或仅稍稍加以压力于牙面即可，并非越用力就越干净。

Part 2
你的宝宝每天都睡好了吗

你家宝宝的睡眠达标了吗？

宝宝白天需要睡多久？

非得抱着溜达才能睡怎么办？

睡着了不能放，一放就醒怎么办？

宝宝非奶不睡、频繁夜醒怎么办？

宝宝有摸着"咪咪"睡觉的习惯怎么办？

宝宝对安抚奶嘴上瘾，该不该用？

刚出生的宝宝需要枕头吗？

宝宝总是踢被子，担心他受凉该怎么办？

婴儿床是否有必要？

你的孩子每天睡够了吗

一天晚上，CC9点多上床睡着之后，C爸提议我们下楼遛遛弯。已经快要10点了，小区里还有很多孩子上蹿下跳地尖叫打闹。我心里琢磨，就这亢奋的小心情，到家得几点才睡得着啊。C爸说，这届孩子啥都不缺，唯一缺的可能就是睡眠了。跟CC幼儿园的家长聊起来，大家也纷纷表示，晚上10点上床是常事，请注意，是上床，至于几点睡着，就看运气了。

孩子到底有没有睡够？好像谁也说不出一个准确的答案。我也是等后来CC早睡之后，才发现孩子需要的睡眠其实比我们想象中多得多。以前我晚上要处理很多家务和工作，所以我也会放任CC玩到很晚。最早也要10点半睡着，11点之后睡也是常有的事。最直接的结果就是第二天早上起不来，从7点半开始叫起床，到8点都不肯起，起来也是一身"起床气"，有时候连出门玩儿的心情都被影响。我把这归结为：没起对，怨气总要找到撒气口。

这样下去总不是办法，最终，我下了很大的决心，决定改变作息。晚上8点半开始准备刷牙、洗脸、讲故事，一般9点到9点半就能睡着。神奇的是，早上她7点半还是醒不过来，但这时候叫起床比原来容易多了，很少有"起床气"。从前晚上11点睡到早上7点半，每天睡8.5小时的孩子，现如今9点半睡到7点半，10小时还不够。

你还觉得孩子不需要睡那么多吗？你的孩子睡够了吗？

国际著名儿科睡眠专家乔迪·米德尔（Jodi Mindell）表示：如果孩子的睡眠习惯不好，或者不到晚上11点不想睡觉，他们的父母可能认为孩子就是不需要那么多睡眠。但这种想法很可能是不对的。事实上，这也许正是因为孩子缺觉。

问问自己下面的问题，看看孩子是不是睡眠不足呢？

孩子每次上车就会睡觉吗？

大部分早上都需要你叫醒他？

孩子是否在白天易发怒、脾气暴躁或过度疲劳？

有些时候，孩子会睡得比平时早很多吗？

如果你对这些问题的回答为"是"，说明孩子可能比他需要的睡眠时间睡得少。要想改变他的睡眠模式，你要帮助他建立良好的睡眠习惯，并固定适当的睡眠时间。这样他就会获得足够的睡眠，白天就能生龙活虎了。

睡不够对孩子有什么影响

1.影响生长发育

做父母的都知道，睡眠是可以直接影响孩子的生长发育的。生

长激素需要在睡眠中分泌，如果宝宝睡眠质量特别差或睡眠特别不规律，身高和体重都会受到影响。

2.睡眠促进大脑发育

睡眠有另外一个重要的作用，就是能够促进大脑的发育，有明显的益智作用。

3.睡眠能储存能量

你发现没？睡不好的孩子吃不好、玩不好，特别难带。睡眠还有一个很好的储能作用，为了白天更好地活动、更好地认知，所以睡眠相当重要。

不同月龄的宝宝，每天需要睡多少

1.出生后第1个月的宝宝

每天睡眠总长	18小时
正常范围	14~18小时
日间睡眠	6~8小时
夜间睡眠	10~11小时

新生儿大多数时间是在睡觉，由一个睡眠周期进入另一个，每2~4小时醒来要吃奶，睁开眼觉醒数分钟到1小时，昼夜节律尚未建立。

2.2~3个月的宝宝

每天睡眠总长	16小时
正常范围	14~17小时
日间睡眠	5~8小时
夜间睡眠	9~11小时

2~3个月的宝宝，除了吃奶、换尿布、玩一会儿，大部分时间还是睡觉。

3.4~6个月的宝宝

每天睡眠总长	14小时
正常范围	13~15小时
日间睡眠	3~5小时
夜间睡眠	10~12小时

4~6个月的宝宝白天的清醒时间明显增加了，夜醒的次数也明显减少了，这个阶段是睡眠训练的最佳时机。

4.7~12个月的宝宝

每天睡眠总长	13小时
正常范围	12~15小时
日间睡眠	2~4小时
夜间睡眠	11~12小时

7~12个月的婴儿睡眠时间和睡觉的香甜程度因人而异。一般是

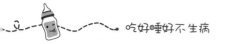

上午睡1次，每次睡1~2小时；下午睡1~2次，每次各睡1~2小时。在这个月龄段的婴儿中，已经有宝宝能一觉睡到天亮了，但是也有很多宝宝夜间需要小便2~3次导致夜醒。这时既有换掉尿布又马上入睡的宝宝，也有吃足奶后方能安睡的宝宝，都属于正常现象。

5.幼儿（1~2岁）

每天睡眠总长	12.5小时
正常范围	11~14小时
日间睡眠	2~3小时
夜间睡眠	10.5~11.5小时

这个阶段很多宝宝晚上能一夜睡到天亮，白天觉醒时间已经很长了，白天有固定的2~3次小睡时间。

6.学龄前（3~5岁）

每天睡眠总长	12小时
正常范围	11~14小时
日间睡眠	1.5~2小时
夜间睡眠	10~11小时

7.学龄儿童（6~13岁）

每天睡眠总长	10小时
正常范围	9~11小时
日间睡眠	1~1.5小时
夜间睡眠	8~10小时

算一算，你家宝宝的睡眠达标了吗？

我也是真正改变之后才明白，执行起来真的特别难。假如想要宝宝9点入睡，那么8点半之后，就要开始停止令孩子亢奋的活动。它需要改变的不仅仅是孩子的习惯，更是家长的。因为8点半离我可以安心躺下来的时间还差老远（家务需要做，白天遗留的工作需要干），但是CC可能一直滚到10点才睡着，真心告诉你什么叫气不打一处来。

陪睡时，我就会急得抓耳挠腮，她越不睡，我越着急，我越着急，她越不睡。后来，还是C爸一语惊醒梦中人："咱跟她一起早睡，然后早起不就得了。"真的是！这么简单的道理我怎么就没看透呢？

想开了之后，最开始的那些日子，我都是9点就开始陪睡，时间久到自己睡着了。做不完的工作，第二天5点起床再干，算起来还能睡将近8小时。更奇怪的是，当我真正心平气和地不再紧盯着CC的入睡时间、不再时刻做好溜走的准备时，CC反而睡得很快了。终于，我不用再陪那么久，CC入睡得越来越快。我也真的等到了她睡着之后再做自己事情的那一天。

从前每次早早哄睡被孩子拒绝，奶奶都会觉得我是在逼孩子睡觉，她觉得孩子理应同大人一般，困了自然就会倒床上就睡。但是，别忘了孩子的好奇心，对他们来说，永远玩不够。就像CC已经坚持了早睡这么久，如果某天我事情处理不完，不能早早地轰她上床睡觉，她宁愿忍着连天的哈欠，用力掰着眼皮玩玩具，也不肯自觉地去睡觉。所以，孩子会不会早睡，可以说，90%取决于家庭，

尤其是父母。所以，想让孩子睡得饱饱的，还是得靠咱自己！

文中的数字对新手妈妈在处理宝宝睡眠问题上有指导作用，但是不宜做硬性规定。每个孩子需要的睡眠时间都不一样（这一定程度上取决于遗传基因），只要宝宝白天精力充沛、心情愉快、食欲好、生长发育正常、睡得踏实，就算每日睡眠不足这些时间也属正常。但假如宝宝睡眠时易醒、总爱翻身、睡得不踏实，白天有不明原因的烦躁、食欲不佳，则有可能是睡眠不足，不妨在此找找原因。

如何从入睡困难到自主入睡

CC打小就入睡困难，我做过很多睡眠训练，终归是取得过那么几个阶段性胜利。CC出了满月便开始肠绞痛，几乎每个傍晚都要经历长达4小时歇斯底里、怎么哄都无法安抚的哭闹。没有经验的新手妈妈，没有更好的招数，只能极尽哄睡之能事：抱着、搂着、走着、颠着。这样的日子我经历了3个月，可想而知养出CC多少不良的睡眠习惯：非得抱着溜达才能睡，睡着了不能放，一放就醒，醒了还得重新溜达。有的时候我甚至觉得，还不如一直坐着抱睡，不然睡的时间还没哄的时间长，抱睡至少还能让我坐着休息一会儿。

CC大概5个月的时候，我才下定决心给她做睡眠训练，因为我真的太累了。而且这个时候我已经从CC肠绞痛的内疚中走出来一些。肠绞痛的那些日子，总觉得CC实在太可怜了，那么小却每天要经历那么长时间的痛苦。所以虽然我身体也没恢复好，但还是有种"累死自己也心甘情愿，只要能让我的孩子好受一些就行"的"圣母鸡血"支撑着。但是眼瞅着CC越来越好，更重要的是越来越重，冠冕堂皇一点的理由是：没有良好的睡眠习惯对宝宝也不是好事，

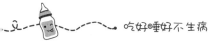

睡不好影响发育。

于是有了下面这段效果显著的睡眠训练。

第一步：有规律的喂养

睡眠训练开始的前提，是有规律的喂养。

也提醒各位妈妈，不要想起一出是一出，今儿决定要改变了，明儿就逼孩子自己睡。先按吃—玩—睡的节奏，把孩子的规律改一改。CC开始吃睡都是混着来的，也是肠绞痛时期惯下的毛病，母乳妈妈的大招唯有奶，肠绞痛闹起来三四个小时什么招都不管用的时候，就会塞奶。不知不觉就养成了1小时甚至半小时就吃一次的习惯。所以最初的两周我先把CC的吃奶间隔拉到了大约3~4小时。

看我当时记录的某日作息：

7：30　起床

7：30~8：00　喂奶

8：00~9：30　洗脸，穿衣，陪玩，有点困意了

9：30~11：00　哄睡+小睡1个半小时

11：00左右　醒来，接着喂奶

进入第二个吃—玩—睡的程序

有节奏的规律养育好处是什么？

最明显的就是让妈妈能更容易地解读宝宝哭闹传递的信息。

比如上面这个节奏，在7：30~11：00这一轮里，我知道CC的喂

奶间隔已经可以达到3.5小时，那么9：30当她哭的时候，我就知道她可能是困了而绝不是饿了。规律养育能让你更了解孩子在一天中的某个时刻需要什么，想干什么……什么时候喝奶、什么时候睡觉，都有大概可以预测的时间。这就避免了妈妈在宝宝因为困而闹腾的时候硬要塞给他奶吃，也不会在他困了的时候和他玩刺激到他情绪的游戏，等等。这能有效减少宝宝的哭闹，也能增强父母的信心。

当然，这只是大致节奏，有的宝宝7：30起床，可能9：00又想睡了，或者坚持不到11：00点就饿了，也可以先喂奶再哄睡，只要不是奶睡就可以。

第二步：抓住睡眠信号

这一步直接决定了接下来的哄睡是一场"速决战"，还是"攻坚战"。

睡眠信号可以参照两个指标：

一个是看不同月龄宝宝的清醒时长：2~4周宝宝清醒15~30分钟就会困；3~5个月宝宝清醒1.5~2小时，超过2.5小时就会过度疲劳。

另外一个就是看疲惫迹象：6个月之前的宝宝，如果出现拽耳朵、打哈欠、表情忧虑、身体打挺、眼神不集中、吸吮手指，表明他可能有点累了；6个月之后的宝宝，如果玩耍中反应变慢、身体不灵活、厌倦玩具、缠着大人持续求关注、给什么都不吃挑剔食物、哭闹，也说明他可能有点能量不足了。大哭说明孩子已经精疲力竭了。

第三步：建立睡眠仪式，进入睡眠程序

进入安静房间—拉窗帘—放舒缓音乐—把孩子放到床上—轻拍。这听上去岁月静好，但CC通常不会按我的套路走。只要我把她往床上放，她就开始哭，通常我会用盖过她声音的音量跟她说话，有时候是唱睡觉歌，有时候是念睡觉经，有时候是把音乐放大声一些。小月龄的宝宝一直发出"shi~shi~"的声音也很有效。

声音一大，孩子的注意力就能被分散。音乐也不行的时候，还可以变通一下，准备睡觉之前，我就把玩耍转移到卧室，直接选择较安静的躺姿玩耍模式，降低CC的兴奋度。比如看彩卡、听小海马、放舒缓的音乐，掩盖一下哄睡的真实目的。

待CC反应麻木或者哈欠连连的时候，再轻轻地跟她说："嗯，CC有点困了，要睡觉啦。"轻拍，酝酿一下情绪。再逐步降低音量，逐步变轻拍打力度，这个时候CC的反抗不那么强烈了，继续轻拍到她睡着为止。开始两三天很有效，但是没过几天CC就免疫了，一见我加大音量盖过她的哭声或试图抱她就哭得更惨。

这个时候我尽量坚持不抱起她，而是躺下把她搂进怀里轻拍。如果不行，千万别硬按着哄，我会放开手，让她自由一会儿，等她好一些了再搂住。实在哭得厉害，可以抱起来，转两圈，先安抚一下情绪。但要坚持哄睡还需回到床上，如果宝宝躺到床上特别抵触，可以先坐到床边，待宝宝情绪更缓和一些的时候再顺势躺下，让他趴在你身上，或侧躺搂住，然后重新开始之前的安抚动作。

我最开始的目标是，只要最后入睡的那一步是CC自己完成的就好，尤其是刚开始进行睡眠训练，不能奢求一步到位。可能有的妈妈觉得我的做法太麻烦，因为我不是能坚持住哭声免疫的妈妈，所以可能会显得累而烦琐一些。但是又坚持了大概20天的时候，CC就从之前入睡困难、非抱不睡，变为了大部分时候都能自主入睡（需要我轻拍和陪伴）。哄睡是一条艰难之路，但在这条路上，温柔的力量并不比愤怒更小。

EASY 程序训练，建立规律作息

作为新手妈妈的你，是不是常常觉得焦头烂额？为什么别人家的宝宝都是吃了睡、睡了吃，自家的宝宝不但该睡的时候不睡，该吃的时候不吃，还专挑你困得死去活来的时候起来high，你得空歇一下的时候自动醒，逢睡必会杀猪般的号上一阵子……一分钟都不让人喘口气儿！咱自己变成被宝宝搞残的黄脸婆不说，不懂嗷嗷直哭的宝宝心里到底想要什么，才最让人揪心。

培养宝宝规律作息，妈妈不仅可以赢得大把的个人空闲时间，对于宝宝来讲，也是一件特别有安全感的事儿。反之，无规律喂养，会让大人孩子都很累。在宝宝刚出生的头一两个月，作为新手妈妈，混乱是不可避免的，但是如果3个月之后依然吃睡毫无规律，妈妈就要找找自己的原因，是不是你允许孩子太过放飞自我，太让孩子牵着鼻子走了？《实用程序育儿法》中提到，不是孩子难带，而是养育者没有掌握照顾孩子的正确方法。

掌握清醒时段规律

在学习方法之前，我们脑子里应该先装点数据——不同月龄，宝宝适合的清醒时长。虽然有个体差异，但是不同月龄的宝宝，清醒时间还是有大致规律的。

月龄	清醒时长
1~2周	15分钟
2~4周	15~30分钟
1个月	30分钟~1小时
2个月	1~1.5小时
3~5个月	1.5~2小时
6~8个月	2~2.5小时
9~12个月	3小时+

注：这个清醒时长包括哄睡的时间。

掌握了宝宝清醒的时间，就要根据他的规律照顾他的饮食起居，尽量在清醒时段结束前开始哄睡。否则，过长时间的陪玩会让宝宝疲倦，导致神经兴奋，宝宝会变得烦躁哭闹，哄睡也会变得非常棘手。

建立 EASY 规律作息

科学、规律的作息程序可以简化为一个英文单词EASY：E（eat,

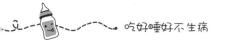

吃）、A（activity，活动）、S（sleeping，睡觉）、Y（you，你自己的时间）。四个字母代表的事情组成一个完整的周期：宝宝醒来就吃奶，接着玩一会儿，然后睡觉，你也获得一些休息的时间。一个周期后，宝宝醒来，又开始重复一个新的吃—玩—睡周期，一直循环到晚上睡觉。四件事情相互关联，但顺序不变。建立常规程序，看护者会对一天中宝宝的所有行为表现更加心里有数，生活也能越来越有规律。

抓对作息训练时机

那么，宝宝多大可以进行作息程序训练呢？

新生儿应当按需哺乳，无论是喂养和睡觉时间，都应当顺其自然。一般情况下，宝宝两个月以后就可以参考EASY程序了。4个月以内的宝宝应当遵循3小时循环的常规程序，4个月以上的宝宝可以遵循4小时循环的常规程序。

宝宝添加辅食正常进餐之后，可以在4小时循环的程序基础上进行调整。想要了解得更直观，可以看下图的作息对比。

3小时EASY程序	4小时EASY程序
E：7：00起床进食 A：7：30或者7：45活动（取决于进食用了多长时间） S：8：30小睡1.5小时 Y：你自己的时间 E：10：00进食 A：10：30或者10：45活动 S：11：30小睡1.5小时	E：7：00起床进食 A：7：30活动 S：9：00小睡1.5~2小时 Y：你自己的时间 E：11：00进食 A：11：30活动 S：1：30小睡1.5~2小时 Y：你自己的时间

续表

3小时EASY程序	4小时EASY程序
Y：你自己的时间 E：1：00进食 A：1：30或者1：45活动 S：2：30小睡1.5小时 Y：你自己的时间 E：4：00进食 A：4：30或者4：45活动 S：5：30小睡1.5小时 Y：你自己的时间 E：7：00进食（如果正经历生长突增期，那么在7：00以及9：00两次密集进食） A：7：30或者7：45洗澡 S：8：30睡觉 Y：晚上是你的了！ E：10：00或者11：00进食	E：3：00进食 A：3：30活动 S：5：00~6：00小睡 Y：你自己的时间 E：7：00进食（如果正在经历生长突增期，那么在7：00以及9：00两次密集进食） A：7：30洗澡 S：8：30睡觉 Y：晚上是你的了！ E：11：00进食（一直到七八个月大，或者到稳定进食固体食物为止）

所谓3小时、4小时，其实区别并不大，只不过根据宝宝的月龄将间隔时间拉长，核心就是要坚持吃—玩—睡这个节奏。

收获规律作息的惊喜

如果经历了EASY规律训练的努力，那下面这些惊喜，你值得拥有。

1.生活变得井井有条

规律的作息会把一天的时间分成几个时段，你除了可以得到适当的休息之外，整个家庭日程的安排也将会变得井井有条，你可以相对安心地处理自己的事情。

2.宝宝安全感得以建立

很多新手妈妈分辨不出孩子饿了，尿布湿了，烦了和不舒服了这些情况下哭声的区别。规律的节奏会让宝宝更有安全感，他会越来越清楚下一步要做什么。而对节奏的正确把控，也会让妈妈们更容易地解读宝宝哭声传递的信息。

3.可以避免不良的睡眠习惯

哄睡路上的第一座"大山"就是奶睡，奶睡初期是福，后期是罪。

在建立EASY程序初期，如果你的宝宝月龄小，那么最容易出现的问题，便是一喝奶就会睡，妈妈们越早打破喝奶和睡觉的联系，宝宝才越容易学会自主睡眠，后期的独立入睡、断奶才会越容易。

养孩子不能照本宣科

EASY程序最大的好处是它给了我们一个有章可循的实际操作手册。这是一套非常有效的程序，但是不用拘泥于绝对精准的时间，开始训练不要死盯着作息表，宝宝达到了就开心，宝宝没达到就焦虑。每个宝宝都是不同的，不可能像教科书那样精确。重要的是保持吃—玩—睡这个节奏，给宝宝建立规律的作息。即便我们最后没有完全实现EASY，但通过这个方法，你和宝宝找到了适合自己的作息，那目的就已经达到了。至于最终的结果是2小时EASY程序还是5小时EASY程序，都没关系，妈妈们可以自行变通。

宝宝睡觉是一种需要学习的能力。任何方法无论听起来多么easy，都需要父母付出极大的努力和耐心。初期的改变一定是艰难的，也许开始的作息周期非常短；也许宝宝会要求奶睡，但是妈妈们一定要坚持，因为你和宝宝会是规律作息最大的受益者。每天你都会有一段专属的私人时间，一想到这，再难也该努力试试，不是吗？希望这篇文章对妈妈们有所帮助，请家人们一起配合会更容易做到。

本文观点参考：《实用程序育儿法》

如何科学戒除奶睡

自从当了妈，耳边听到最多的一句话就是："当妈的就是不容易，谁都是这么辛苦过来的。"这句话不知道德绑架了多少妈妈。为了这句话，奶睡到天荒地老、腰酸背疼是正常的，宝宝如树袋熊一般整天挂在胸前吃奶是正常的，每天被快2岁的"小祖宗"夜醒折磨四五次是正常的。

作为一个新手妈妈，始终保持奉献和牺牲的精神总是没错的。但是我不得不说，在"奶睡"这件事上，如果空有一腔热血和奉献精神，而没有科学的睡眠知识，那早晚有一天，你会被自己的这种付出辜负得很惨。而等到发现的那一天，你可能已经走得很远了。

"奶睡"，这里指的是把喂奶作为唯一的哄睡方式，严重影响了喂养和睡眠状况的情况。如果宝宝只是睡前吃几口就吐出乳头，可以在床上自己入睡；或是偶尔需要吃着睡着，其他时候可以自主入睡；或是夜醒小于3次的，恭喜你，可以维持现状。但如果奶睡已经让妈妈心力交瘁，宝宝非奶不睡、不睡长觉、频繁夜醒，你是不是也想改变一下？

奶睡如果滥用，将有很多弊端

1.影响宝宝的睡眠能力

如果宝宝养成靠吃奶入睡的习惯，就不会愿意发展自我安抚和自己尝试入睡的能力。每一个睡眠循环结束之后，都只能依靠吃奶继续入睡，这其实是一种恶性循环。

2.导致宝宝作息混乱

奶睡将吃和睡混合在一起，作息不明确。

宝宝会肚子不饿便不想睡觉，或是困了一定要吃才能睡着。如果养成习惯，会影响清醒时吃奶的意愿，造成厌奶，导致吃也是少量而频繁，睡也是短小而多次，很难建立吃—玩—睡的科学节奏。为什么喝奶粉的宝宝相对睡眠更好一些，除了奶粉确实扛饿一些，更重要的是，奶粉宝宝可以把吃和睡更明确地分开。当"睡"没"吃"相伴时，就不得不发展点别的助睡方法。

3.奶睡更容易饿醒和胀气

吃吃睡睡的节奏，宝宝喝到的总是前奶。前奶奶质比较稀薄，后奶含有大量的脂肪、蛋白质。一顿奶中，一大半的能量都是通过后奶获得的。如果宝宝只是高频次地喝前奶，那过不了多长时间又会被饿醒。而且前奶的乳糖含量高，容易产生胀气。频繁地吃奶也会产生更多的气体，加重胀气。

4.奶睡会掩盖很多事实

不得不说，奶睡真的很有用，不管是什么原因的哭闹，好像一塞奶都能解决。但同时也掩盖了很多事实，无形中会让妈妈们失去

寻找孩子哭闹真正原因的动力，一味地靠简单而有效的塞奶来解决。当奶睡的"红利期"过去，问题浮现出来的时候，就可能收获一个有睡眠障碍、没有耐心等待、没有独自玩耍能力、不能快速适应环境的缠人"小恶魔"。

5.摧残妈妈的身心健康

母乳中有镇定成分，而吸吮的动作本身也带安抚作用，所以，堪称"哄睡神器"。尤其对于毫无经验的新手妈妈，非常容易天真地以为，吃两口就能睡着的方式，简直太省心。但是，慢慢地你会发现，自己再也不能睡整觉，就是一个移动的大号奶瓶，完全没有自己独立的时间、空间。开始几个月还能靠"当了妈就是要奉献"的"鸡血"支撑，很快，不管是体力还是心力都会被消耗殆尽，然后进入脾气暴躁、毫无耐心的怨妇模式。

虽然说了这么多不利影响，但是谁也不能否定奶睡的重要性。奶睡是自然的，也是母乳妈妈和宝宝独有的连接方式。奶睡不是不可以用，只是不要滥用。

怎样科学地奶睡

没满月的宝宝肯定要按需喂养。一般吃和睡也很难分开，可以适当奶睡。

3个月之内的宝宝也是以培养习惯为主，睡眠训练为辅。入睡和接觉的时候还是可以喂奶，只是要控制奶睡的次数。尽量试着在宝宝还没完全进入睡眠状态的迷糊时刻将乳头抽离。努力培养3小时吃—玩—睡的节奏，给宝宝学习自我安抚的机会。

4~9个月是对宝宝进行睡眠训练最好的时机，正式建立吃—玩—睡的节奏，但是可以延长至4小时。尽量用多种方式安抚宝宝入睡，让他体验不吃也能睡。如果已经养成了非奶不睡，可以改变一下入睡习惯。

1.日间奶睡

每次喂到迷糊就把乳头抽出，哭闹之后不要立即喂，继续其他安抚方式，如果无效就继续喂，然后继续抽出乳头，一直重复，直到在不含乳头的情况下睡着为止。通过训练，你重复抽出乳头的次数一定会越来越少，入睡的时间也会越来越短，这也代表宝宝在重复的训练中慢慢地探索新的自主入睡方式。这种方法很温和，但是需要极大的耐心，也需要时间。一旦决定改变，就不要妥协，否则会前功尽弃。

2.夜间奶睡

夜醒一般分两种情况。

第一种是饿醒了。理论上，4~6个月的宝宝，夜间建议吃1~3次夜奶；6~9个月的宝宝，夜间建议1~2次夜奶就够了；9个月以后夜里就不需要吃任何食物了。但是据我所知，实际情况要远远复杂得多，每个宝宝都不可能一样。所以这一点不必过于教条，即使想改变也要循序渐进。饿的时候要及时喂，不要让宝宝饿醒。宝宝在经历猛长期的时候，饿醒的频次可能会增加。妈妈们可以尝试睡前密集进食、增加白天的食量来帮助孩子补充足够的食物，以减少饥饿性的夜醒。

另一种是习惯性夜醒，一般也很好判断。如果距入睡或上次吃

奶不足3小时，或是每天在同一个时间醒来，或是间隔相同的时间醒来（比如1小时一醒、2小时一醒），一般就是习惯性夜醒。90%的习惯性夜醒不需要喂奶，可以通过轻拍、安抚奶嘴等办法让孩子继续入睡。

如果已经习惯了夜醒奶睡接觉，那就要从逐渐减少次数开始。一般是先减间隔时间不足3小时的夜醒喂奶，避免养成"吃零食奶"的习惯。可以采取轻拍或哄抱的方式，但就是不喂奶，等宝宝迷糊之后再放下。一般坚持3~5天，宝宝就能形成习惯，延长下次醒来的时间。

9个月之后的宝宝如果还有奶睡的习惯，可以尝试以下方法。

更换看护人陪睡：睡前喂饱宝宝之后，妈妈可以借故上厕所，由爸爸来负责陪睡，陪睡的方式可以是延续之前的拍哄，也可以讲故事、读绘本。

引入安抚物：其实从出生就可以引入了，小海马、毛绒玩具、安抚巾、妈妈的衣服，都可以起到安抚作用。只不过孩子越大，体会到的情感越多，能从中得到的安慰也越多。

多带宝宝运动：让宝宝释放完"洪荒之力"，就没多余的体力在入睡这件事上跟你斗智斗勇了。适量的运动不仅能让入睡变得容易，还能提高睡眠的质量。

奶睡这件事，如果妈妈们不主动做出改变，宝宝基本是不会主动放弃的。一味地靠塞奶满足宝宝，可能只是一厢情愿地觉得自己被需要。就如同孩子在学走路的时候不肯放手，学吃饭的时候还要喂一样，看上去是爱，事实上是妨碍。请相信宝宝有自己入睡的能力，尽管这一过程中会有哭闹，那也是他学习的一个必备过程。

如果决定改变，无论采取激烈还是温和的方式，就一定要坚持。培养好睡眠习惯是一场持久战，方法不是重点，坚持才是王道，半途而废，大人孩子都遭罪。当然，还有一部分妈妈觉得奶睡对自身没有影响，反而享受宝宝在怀里的时光；或是即便有影响，觉得一生中可能就这么两年，愿意多陪宝宝，那也无可厚非。

本文观点参考：《婴幼儿睡眠圣经》《法伯睡眠宝典》《实用程序育儿法》

一放就醒，破除抱睡有哪些技巧

　　每次谈到睡眠问题，当妈的最大的心愿就是"把娃哄睡着了，干点自己的事"。但事实上"把娃哄睡着"只是迈出了万里长征第一步，睡着之后能否顺利放下，放下之后能否顺利接觉，才是衡量一次哄睡是否成功的决定性因素！

　　虽然按照睡眠理论，宝宝是不需要过度抱睡的，但哪个当妈的没有经历过抱睡的日子。谁家没有过几次，甚至无数次白天抱完整小睡、晚上全家轮流抱睡半宿的经历？

　　情况好的，抱着睡着后还允许你找个舒服的姿势，窝进沙发里小憩一下，这种宝宝要求"不高"，只要能被抱在妈妈怀里，对姿势没啥要求，躺着、趴着、窝着、蜷着都可以。情况差些的，好不容易抱着满屋子溜达睡着了，坐在床边拍着屁股睡沉了。停，对，就这姿势了，动都不能动。你觉得腰酸了、腿麻了，想换个姿势？对不起，请起来重哄，全套重来。情况最糟糕的，不仅对哄睡时的姿势、动作有要求，连睡着之后都不能停，抱着、溜达着、颠儿着，别说坐了，你想偷偷站一下都不行，"小主子"立马哭给你看。

不知听多少妈妈吐槽过，怀孕生孩子都没咋样，抱睡愣是把自己抱出了腱鞘炎、腰椎间盘突出。

为什么孩子一放就醒

CC刚出生那会儿，我始终弄不明白，她在大人怀里，脖子下胳膊硌着，身子只能蜷着，脑袋耷拉着，有的时候我一个打盹儿回头看她的睡姿，可以说是"相当扭曲"了，但人家依然一脸恨不得睡到天荒地老的满足感。反倒是想把她"展平"舒舒服服放在床上的时候，她倒是炸了。后来查资料研究才弄明白为什么孩子只愿被抱着，一放就醒。

1.受安全感影响

人家贪恋的是被拥抱的感觉和你怀抱里的温度，因为在子宫里宝宝就是蜷缩着、被羊水温暖包围着的，比起四仰八叉，他们更喜欢被紧拥的感觉。突然被放进小床，姿势、温度、环境的改变很容易让宝宝惊醒。

2.受睡眠模式影响

睡眠是从深睡眠到浅睡眠循环的。一般婴儿睡眠周期长度是30~45分钟，周期转换是整个睡眠链上最易醒的点。但从抱睡开始到睡实，怎么也得十几二十分钟，放床上再磨蹭个三五分钟，睡不了一会儿，周期就到了，而大多数宝宝都不会接觉，很容易扭来扭去就把自己扭醒了。如果此时在妈妈怀里，动一动妈妈就会拍一拍，等于帮助宝宝接觉了，自动省去了学习接觉这个步骤，宝宝自然睡的时间更长。

什么样的孩子容易出现抱睡的情况

1.浅睡眠模式的小月龄宝宝

对于小月龄的孩子，尤其是3个月之前的宝宝，浅睡眠比例较高。你会发现即便睡着了，宝宝也会不时地挥一下小手、眨几下眼皮、咂巴几下小嘴。对于比较敏感的宝宝，除非吃奶，让他们自主入睡非常困难，一定程度上需要抱睡才能睡得安稳。此时的抱睡不可避免，因为首先需要保证孩子的睡眠时间。

一般4~6个月开始，孩子的小睡会先进入深睡眠，这个时候放下就不那么容易醒了，这通常也是建议开始睡眠训练的关键时期。从这时开始，妈妈们可以尝试减少抱睡，从全程抱睡向睡着后放在床上转变。

2.特殊情况导致睡眠习惯改变的宝宝

很多之前睡得很好的宝宝，如果突然经历长牙、生病或环境突然变化等情况，就会出现明显的睡眠倒退。尤其是身体不适的时候，抱睡难免就会增多，出现睡眠依赖，养成只有在怀里才睡得安稳的习惯。

3.长期有不良睡眠习惯的宝宝

如果1岁之后的孩子依然非抱不能睡，那就是长期养成的不良睡眠习惯。破除抱睡，妈妈怎么放，宝宝才不易醒呢？

如果抱睡不可避免，那就试试抱睡后如何放下的技巧

1.第一阶段，追求"睡实"之后放得下

睡实的表现一般就是，手臂自然放松，大人走、停、坐孩子都

没有反应。这个时候，可以尝试放下，不要先放头，头先放下会刺激到敏感的前庭觉。前庭觉是掌握身体运动与平衡的感觉。当身体平衡感失衡时，它会立刻拉响警报，使宝宝立马惊醒，来维持身体平衡。所以现在你知道了，为什么即便已经睡迷糊，宝宝也知道抱他的人停止走动了或者放慢了走动的速度。

为了减缓坠落感，大人要先降低重心，放的时候避免头低脚高，当宝宝的脚贴近床面时，先让脚着床，再让屁股着床、然后是背，最后是头部。放下之后，不要立即抽手，稳定几分钟，另一只手按住胳膊、轻拍，被压住的手慢慢撤离。撤离之后也不要马上离开，继续轻拍一会儿，然后再离开。

另外，温度的变化也很容易引起宝宝警觉。在抱睡的时候可以在手臂上垫块毛巾，放的时候连毛巾一起放，小床上最好铺暖暖的、绒绒的小毯子，避免过凉跟体温相差太大。再或者可以直接裹好襁褓抱睡，睡着之后连襁褓一起放，会大大增加成功的概率。

2.第二阶段，追求"迷糊"之后放得下

当宝宝适应了睡实放下后，就可以训练在半迷糊的状态下放了。程序跟之前的没有大的差别，只是时机不等宝宝完全睡实，半迷糊、手臂还紧张的时候，就准备放。放的时候告诉宝宝：宝宝要睡觉了哦，妈妈手臂要出来喽，让宝宝有心理准备。如果宝宝一时不适应，可以采用轻拍、白噪声、搂住等原地安抚的方式，用十几分钟完成入睡。如果哭闹厉害，可以抱起来，等睡至迷糊继续放，直至成功，当然这是最终目的，要循序渐进，不能急于求成，关键是让宝宝知道，睡觉是自己的事。

另外一个更温和的方法是，在宝宝半迷糊的时候，妈妈就把立抱姿势默默地转为躺抱姿势。比如，先坐在床边，然后靠到被子上，然后由直坐变为半躺坐，再偷偷地变为躺抱，让宝宝既在你怀里又在床上，这样放下成功的概率也很大。

3.第三阶段，有困意时就直接放在床上

如果宝宝迷糊时放下也成功了，那么就离脱离抱睡不远了。可以直接省略抱至迷糊的前奏，在宝宝有困意之后就直接把他放在床上、贴近你的怀里，结合白噪声、轻拍、哼歌等直至睡着。

破除抱睡，最重要的一点就是不要看不得孩子哭。哭只是孩子的一种表达方式。宝宝初来乍到，并不知道怎么才能入睡。因为宝宝在子宫不曾需要，出来之后只觉有时莫名困得难受，却不知闭上眼睛努力入睡就可以了，所以会出现"闹觉"。任何睡眠习惯的养成或纠正，都不能"贪快"，要一步一步来。

最开始可以通过抱睡帮助他，但是慢慢地要逐渐减少抱睡，培养宝宝独立入睡的能力。抱睡是个极易产生依赖，等到发现却为时已晚的操作。开始抱着六七斤的宝宝你敢放豪言，"老娘抱上一宿都没有问题"，等过几个月，抱着15斤的宝宝再试试？孩子的体重噌噌往上涨，睡眠的能力可没跟着往上涨。所以抱睡这事儿，尽早避免，方为上策。哄睡这条路注定又漫长又艰难。但养娃就是这样，开始的时候图省事儿，以后就会很费事儿。

睡前的自我安抚行为是否需要纠正

C妈，自从断了奶之后，宝宝就养成了摸着"咪咪"睡觉的习惯，怎么都改不了，咋办？

我家的每天睡觉非要揪着人耳朵！

我家的非要抓着头发！

我家的要抠着肚脐！

睡前癖好这些小动作，说起来好像也不是什么大事。但是，当你想换个姿势？不行！想去厕所？不行！夜醒摸黑都不能被放过。更要命的是，反反复复戒不掉！

为什么这么多宝宝都有小癖好

1.亲子依恋期的正常表现

先别大惊小怪，也别戴着有色眼镜看宝宝，大多数孩子的这种小癖好都是依恋期的正常表现。宝宝在满足生理需求的情况下，也需要妈妈的关爱。婴儿对妈妈的依恋，通过吃奶可以得到满足。但

是断奶之后，孩子依然想保持之前的依恋状态，就只能转移为其他方式，最常见的转移目标，自然就是之前的"饭碗"，不能吃，那就摸摸。"饭碗"也摸不得，就换摸胳膊、耳朵、头发……孩子喜欢摸妈妈，其实是在享受妈妈在身边的温暖。

2.安全感不足

需求是否得到满足，会影响孩子的安全感。细心的妈妈会发现，如果某段时间对孩子的陪伴不够，或是某个日间孩子的情绪有大的波动，一般临睡需要被安抚的愿望就会更强烈。

CC断奶之后有段时间也喜欢搂着我胳膊睡觉。如果我能耐心地陪伴她一个周末，通常临睡听完故事她就能自己睡；如果某些天我对她的陪伴明显减少，或是睡觉之前对她发了脾气，临睡她就会强烈要求搂着我胳膊，而且入睡异常困难。如果妈妈们发现宝宝的这些小癖好强烈而频繁，且长久没有变弱的趋势，就要反思一下是不是平时陪伴太少，或是管教太严？

3.还没有独立入睡的能力

宝宝独自睡觉一般会经历三个阶段：从需要成人陪伴，到需要安抚物陪伴，再到独立入睡。入睡前往往是孩子在一天中安全感最低的时候，很多孩子会抗拒入睡，需要使用一些自我安抚行为才能让自己安定下来。

凡是会摸着妈妈入睡的孩子，几乎都是没有独立入睡能力的孩子，他们还停留在前两个阶段，用一种特殊的方式留住妈妈做自己的安抚物。所以，从小培养良好的入睡习惯和独自入睡的能力很重要，否则断奶之后孩子也会寻找其他寄托。

面对宝宝的小癖好，都有哪些对策帮助你的宝宝

首先，先给妈妈们宽宽心，如果你的孩子还不到3岁，那这些行为都是正常的。3岁前正是建立依恋模式和安全感的重要时期，宝宝对妈妈的依恋本身就很重，而且3岁前宝宝独立入睡的能力也参差不齐，借助一些安抚物帮助入睡也情有可原，一般3岁后这种小癖好会自然减少。如果3岁后还戒不掉，或是即便孩子不到3岁但这些小动作已经让妈妈觉得烦躁和困扰，那么家长通过一些沟通和引导，也可以帮助宝宝慢慢纠正。

1.不要强行制止

有的妈妈认为宝宝的这些小动作不健康，甚至是有心理问题的，所以采取强行制止的方式，比如，强行握住宝宝的手，逼迫孩子放弃。但是强行剥夺，掠走的都是孩子的安全感。不会有什么正面效果，反而会让宝宝变得异常焦躁，更加难以入睡。

2.循序渐进地引入新的安抚方式

正确的做法是，在不干预原有睡前行为的基础上，同时引入一种新的安抚方式，可以是安抚行为，也可以是安抚物。比如，抚摸他的小手或后背，或者再给他一个毛绒玩偶。开始的时候孩子不一定接受，妈妈们可以帮忙："宝宝喜欢妈妈的胳膊，是不是软软、暖暖的？你看这个小兔子，也是软软、暖暖的，我们带它一起睡好吗？"

也许你从未发觉，但其实每个宝宝都有一套自己默认的睡前程序，比如刷完牙、洗完澡、换上睡衣，去床上听故事，然后摸着妈

妈睡觉。睡前程序会形成心理暗示：做完这些就要睡觉了。一旦孩子形成了固定的睡前程序，就会对其产生依赖。所以我们需要做的第一件事，就是默默将新的安抚形式加入宝宝的睡前程序，让它和原有的睡前行为并行一段时间，直至宝宝觉得二者不分伯仲。这个时候妈妈再开始慢慢抽离，比如："哎哟，妈妈尿急，宝宝先抱着小兔子等等我。"每天延长你抽离的时间和次数，直到宝宝能独自带着安抚物入睡。

如果宝宝之前的安抚动作是吃自己的手，你引入的安抚物是安抚海马，那等两者并行一段时间之后，妈妈可以帮宝宝抽离之前的动作。比如，可以边让宝宝听海马，妈妈边握住孩子的手抚摸，逐渐减少他将手放进嘴里的次数和时间，直到不再吃手。

3.多一点肌肤之亲

对于亲密度不足和安全感缺乏的宝宝，妈妈平时要和宝宝多一些肌肤之亲。入睡前半小时，给宝宝搓搓后背，捏捏胳膊，玩一些手指游戏、拥抱游戏，让孩子有机会跟你有肌肤上的接触。还有一个比较好的方式就是，把宝宝抱在怀里给他读故事。最后，妈妈们要尽量保持情绪平和，不要大喜大怒，这样孩子的安全感才能充足而稳定。

最初CC睡前搂我胳膊的时候，我虽没强制禁止，但也曾不自觉地使用家长的权威威胁过。CC睡前必听故事，为了不让她搂胳膊，我告诉她，如果搂胳膊就没有故事听。她自然更想听故事，于是放弃了搂胳膊。

第一天，表现很好，讲完就睡了。第二天，故事听得投入了，手也就不自觉地搂上了，我示意她：搂着我胳膊了。她说："妈妈，我想搂着你胳膊。"于是，我暂停了继续讲故事。她赶紧缩回去，一脸犯错后的自责感，跟我说："讲故事就不能搂胳膊，我不搂了，妈妈讲吧。"

看到她满眼克制的委曲求全，我的脑子里迅速思考了三件事：搂胳膊真的跟断奶一样到了必然不能继续的时候吗？这对我的影响有那么难以接受吗？不能等她入睡能力更强之后再给她自动戒掉的机会吗？3秒钟后我就有了答案，搂吧搂吧，边搂边讲，反正搂胳膊也没有什么大碍，我干吗这么为难孩子？此后，我就没再制止过这件事，随着CC慢慢长大，她也越来越独立，搂的次数也少了，偶尔还是会搂，但对我们来说都不是负担，反而成了一天喧闹之后、夜深人静之时，我们母女俩最温馨亲密的时刻。

所以，到底要不要纠正宝宝入睡前的自我安抚行为，还是你们娘儿俩说了算。如果不觉得是负担，无须强迫改变。但如果想纠正，就要耐住性子循序渐进地转移和替换，而不是强制和威胁。当然，如果宝宝的睡前小癖好已经严重到痴迷和成瘾的地步，还是不能放任不管，要找到更深层次的原因，然后戒掉，必要的时候可以求助医生。

睡前音乐，简单又神奇的秒睡办法

每次谈到哄睡话题，都会跟大家强调睡前仪式。其中一个很重要的建议，就是给宝宝播放一些音乐。CC"睡渣"路上的那一丝光明，便是跟音乐有关。那段时间，每晚睡前我给她听《加沃特舞曲》，她都能在翻来覆去后，最终自主入睡。你不知道的是，有规律、有节奏的音乐，不会对人产生刺激，可以帮助宝宝从清醒状态放松下来，慢慢过渡到睡眠状态，所以音乐可以帮助宝宝放松。

理论听上去很美好，但实践起来，妈妈们还是不知道该如何下手。有的时候播放某支乐曲，孩子不仅睡意全无，反而越听越精神。这大概是因为你没有选对音乐吧。

能让孩子秒睡的神曲

1.白噪声

白噪声这件事大家都非常清楚了，最常见的就是空白频道的声音。说来容易，做起来也没那么容易。所以，我整理了一些白噪声，常见的有风声、雨声、雪声。

2.古典音乐

古典音乐非常适合宝宝听，因为它的层次非常分明。美国华盛顿大学的科学家最新发现：9个月的宝宝常听音乐，能促进大脑语言学习能力的发育。古典音乐的类型很多，给孩子当催眠曲听的话，小约翰·施特劳斯的圆舞曲或者赫塞的《流浪者之歌》这类肯定就不适合，想睡的孩子都能被high醒。

给大家推荐几首比较舒缓的、可以放松情绪的、听一会儿孩子就犯困的：肖邦（Chopin）夜曲系列：《降B调第1号夜曲》《降E大调2号夜曲》《降D大调第8号夜曲》，圣桑的《天鹅》、巴赫的《G弦之歌》、门德尔松的《乘着歌声的翅膀》。

3.新纪元音乐

这是一种类似于轻音乐的种类，用来给孩子做睡前音乐也很合适，其实它最早是用于帮助冥思及洁净心灵的，做瑜伽或灵修时常用这类音乐。曲调比较舒缓，还会加入一些自然声音（海浪声、雨声、鸟鸣、蛙叫等），可以给宝宝营造一种安全的感觉。

Della乐团的呼吸系列：《水蓝的梦》《春风微风》《朦胧的午后》，这个系列是钢琴曲与大自然声音（海浪声、雨声、鸟叫声）的结合之作。Dan Gibson（丹·吉布森）的自然之音系列：*Moonlight Shadow*（《月光倒影》）、*Drift wood*（《浮木》）。

4.人声音乐

也就是咱们常听的歌曲系列。

William Cuddy（威廉·库迪）的*Floating down the stream*（《漂于水流溪》）。

Arcade Fire（拱廊之火乐队）的*Photogragh*。

Chara（佐藤美和）的*My way*（《我的路》）。

Louis Armstrong（路易斯·阿姆斯特朗）*A Kiss to build a dream on*（《香吻一梦》）。

这些都是被妈妈们誉为"放一个倒一个"的神曲……

当然，对于宝宝来讲，没有什么比妈妈的歌声更赞的声音了，一边听着妈妈唱的歌，一边感受妈妈的轻拍，应该就是宝宝最享受的时刻了。

5.某些奇葩曲目

虽然有一部分曲子确实更适合用来安魂，但这并不代表其他的类型就完全不适合。且看宝宝们的各种癖好：

我家娃从来不听各种音乐，但是只要一给他背《三字经》，超不过二十句，绝对眼神迷离、四肢松软……

我家唯一能征服娃的，就是她姥爷，每次用充满磁性的男低音唱"陪你一起看草原，去看那青青的草，去看那蓝蓝的天……"娃不一会儿就能安稳入眠，关键我爸唱的一点儿都不低调，很高亢，我严重怀疑我娃是被颤抖的胸腔给震晕的……

只有我娃跟大家不是一个套路吗？我家娃最受不了的就是舒缓的音乐，每次迈着秧歌步、听着广场舞的曲子，他好像才能睡得更安稳一些……

所以，其实睡前音乐没有什么固定样式，谁也说不准孩子的喜好，确定下来之前，还是多种类型都尝试一下，直到选到有用的那类。

睡前音乐怎么用

所谓睡前音乐，其实就是让曲子把孩子的注意力吸引过来，然后再让他心情慢慢平静，直至入睡。多重复几次，则更容易让孩子出现睡眠联想，形成睡眠反射，当播放该曲目的时候，他就知道睡眠程序进入到哪一步了。至于音乐具体要用在睡眠程序的哪一个步骤，不同的宝宝就不一样了。CC1岁之前，还没有养成睡前读绘本的习惯，放音乐（哼歌）就是最后一个步骤了。后来她习惯了睡前读故事，如果读完故事又贸然开音乐，会有种突然开始下一个环节的新鲜感。所以，这个阶段，我就把音乐提前了，先听音乐，待之前活泼激动的情绪慢慢平静下来之后，再开始读绘本，其间音乐也不断，讲完故事，就是合书、关灯、停音乐，睡觉了。

一般睡前10~20分钟都可以有音乐贯穿，每次不要超过1小时，具体参照每个宝宝的入睡进度。但是，不要让宝宝对音乐产生睡眠依赖。开始可以等宝宝睡着之后再关掉音乐，慢慢地过渡为睡前就关掉或调低音量。最后的目标是，只用音乐吸引宝宝的注意力，并帮他进入安静状态，然后停掉音乐，让宝宝自主入睡。所以，不多试几种方法，怎知宝宝喜欢哪种套路？多准备几种风格放进播放列表，一首一首试，总有一首宝宝能钟情吧。

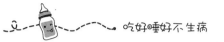

"哄睡神器"安抚奶嘴，到底该不该用

安抚奶嘴对于国内的宝宝来说，绝对算得上是个舶来品。尽管有越来越多的人开始接受安抚奶嘴，但是对它的质疑声也从没停止过。就连权威机构得出的结论也是利弊兼有，给出的建议也是用不用你自己看着办！难怪西尔斯会说："每个年龄段的人都有各自的最爱，但是没有哪个像这个小小的橡皮头那样引人争议。"那对于两眼一抹黑、经验全无的新手妈妈们来说，到底是用还是不用呢？看完利弊，也许你就有了自己的决定。

安抚奶嘴的正面作用

首先，安抚奶嘴之于宝宝的正面作用是毋庸置疑的。安抚奶嘴最大的意义，就是代替妈妈的乳头满足孩子的吮吸需要和心理需要，最终让宝宝感到舒适和愉悦，让妈妈也得到适当休息。

1.安抚奶嘴是哄睡的神助攻

如果你家宝宝也是落地就醒、沾床就炸、接觉就狂折腾的"睡眠小恶魔"，那安抚奶嘴确实能让这一切变得容易些。吮吸的动作本就有安抚和催眠的功效，收到宝宝的犯困信号之后，如果能适时地提供一个奶嘴，也许宝宝就能在吮吸中安静下来，直至入睡。

当准备把孩子放在床上的时候，瞬间的抽离和温度的改变很容易让孩子惊醒，但是如果有安抚奶嘴，吮吸的动作也能抵挡一部分安全感的流失。当宝宝需要接觉的时候，有了安抚奶嘴的安慰，也能帮助他顺利进入下一个睡眠周期。在一定意义上，安抚奶嘴能帮助宝宝入睡，而且让宝宝避免形成奶睡的习惯。

2.安抚奶嘴助力规律作息

虽然一直强调维持吃—玩—睡这个规律作息的重要性，但是很多妈妈表示做不到！因为宝宝总要吃啊！其实在一个3~4小时循环的吃—玩—睡周期中，如果宝宝需要不停地吃，可能不是因为饿，而是因为嘴巴寂寞。小婴儿是有吮吸需求的，尤其是在头3个月，所以即便是不饿的情况下，也是需要吮吸的。在拿不准的情况下，使用安抚奶嘴，可以帮助新手妈妈们分清宝宝究竟是不是因为饿了哭泣。如果塞上奶嘴就能解除烦躁，说明他只是想做吮吸的动作，而不是真的饿。

3.安抚奶嘴可以有效稳定宝宝的情绪

在一些出门吃饭、外出访友的特殊场合，如果不得不带孩子的话，陌生的环境会让宝宝紧张、哭闹，让大家都非常尴尬。安抚奶嘴可以分散注意力，稳定宝宝的情绪，给爸爸妈妈们后续处理问题争取一些时间。

安抚奶嘴的负面疑虑及应对

说完看得见的优点，再来看看妈妈们关于安抚奶嘴的疑虑。

1.安抚奶嘴会导致宝宝乳头混淆

过早使用安抚奶嘴可能影响母乳喂养的建立。有研究表明，刚出生头几周使用可能导致"乳头混淆"。

美国儿科学会建议，母乳喂养的宝宝在出生4~6周后再根据需要，考虑使用安抚奶嘴。头1个月为了让乳汁充足，更鼓励让宝宝吮吸妈妈的乳头，而且这个月份基本都是吃了睡、睡了吃，额外的吮吸需求并不强烈。但是最好不要晚于3个月，3个月以后再引入安抚奶嘴，很可能宝宝就不接受了。

2.安抚奶嘴上瘾难戒

从生理学角度来看，吮吸是宝宝与生俱来的非条件反射，会随着时间的推移逐渐消失。有研究称，如果一直使用安抚奶嘴，会强化这个反射，久而久之有形成依赖的可能。但这并不是宝宝会成瘾的理由。大多数宝宝到了6~9个月的时候会主动戒掉使用安抚奶嘴的习惯。因为，6个月后的宝宝逐渐能翻身、坐、爬等，活动能力增加，而对吸吮的需求则开始慢慢下降。如果此时妈妈能给予宝宝足够的关注，引导宝宝将更多的注意力放到对外部世界的探索上，他就能逐渐减少对安抚奶嘴的依恋。

对安抚奶嘴上瘾的宝宝，背后一定有着更深层次的原因，可能是看护人对孩子的关心和陪伴不够。与其说是宝宝依赖，不如说是看护人依赖，把安抚奶嘴作为唯一而且首选的安抚方式，用奶嘴代替了亲人的拥抱、亲吻，减少了亲子间的互动。

有安全感缺失问题的孩子，即便没有安抚奶嘴，也会有其他问题，比如沉迷吃手、吃被子等。所以会不会上瘾，其实还取决于爸爸妈妈。如果看护人陪玩方式丰富，陪伴时间足够，在1岁之后大部分孩子除了睡眠之外都不会再需要安抚奶嘴。绝大部分宝宝会在2~4岁完全停止使用安抚奶嘴，如果宝宝2岁后还高度依赖安抚奶嘴，妈妈就应想办法帮助宝宝逐步戒除。

3.会影响牙齿咬合

从口腔方面考虑，长期使用安抚奶嘴，会影响宝宝上下颌骨的发育，有可能使宝宝形成高腭弓，导致上下牙齿咬合不正，形成不美观的嘴唇外观。

但美国儿科学会表示，头几年正常使用安抚奶嘴不会导致牙齿问题。究竟是否会对孩子的牙齿造成损害，最后还是要根据使用的频率、程度、时间长短判断。而这个标准目前没有明确的研究结果。所以如果确定使用安抚奶嘴，建议只在宝宝情绪急需安抚、哺乳后或是哺乳间隔，以及入睡时使用。不要让安抚奶嘴成为妈妈敷衍宝宝的替代品，成天让宝宝衔着安抚奶嘴，特别是在4个月以后。只要使用安抚奶嘴是基于这样的使用标准，这样的频率一定不会高到影响牙齿的发育。

使用安抚奶嘴的注意事项

宝宝6个月前，要经常用沸水消毒安抚奶嘴，避免细菌感染，这时宝宝的免疫功能还在发育中。6个月后，就可以只用清洁剂和清水

清洗安抚奶嘴。经常更换安抚奶嘴，使用适合宝宝年龄的尺寸。尽量选择一体成型的安抚奶嘴，两片组合的，要注意零件松动或恶化的迹象。绝不能使用长度足够绕住脖子的绳子或带子来拴安抚奶嘴。

对于一些坏脾气的宝宝，个人认为安抚奶嘴的利大于弊。毕竟，确实能让妈妈们省不少力气。那些弊端，努努力大部分也可以避免，相对于带坏脾气宝宝无休无尽的黑暗，这些弊端也算小巫见大巫了。

但对于本身脾气就比较好的宝宝，则不太建议，毕竟放弃一个旧习惯就跟培养起一个新习惯一样不容易。而且相较于坏脾气宝宝，好脾气宝宝本身的属性也使得他们得到的看护人的关注和回应相对少。人都是有惰性的，谁都愿意走更省事儿的那条路。本身就很省心，塞个奶嘴更省心，这样就容易减少亲子间的交流。

本文观点参考：《美国儿科学会育儿百科》《西尔斯亲密育儿百科》

什么时候宝宝需要枕头

妈妈们常常会着急地问C妈：

刚出生的宝宝需要枕头吗？

宝宝3个月可以用枕头了吗？

6个月可以用枕头了吧？

1岁以后不用怕捂住口鼻了总可以用了吧？

为什么妈妈们那么着急给宝宝用枕头呢？

枕头的用途是支撑颈椎，使颈部肌肉松弛。成年人的脊柱有4个弯曲的部位，呈双S形状，在颈部那个生理弯曲叫作颈曲，正是因为这个弯曲才需要枕头来填满空的部位把头部托起来，保持呼吸道的畅通和睡眠的舒适。但是刚出生的宝宝根本没有一点弯曲，直到4岁的时候，才有一点点弯曲。

宝宝完全不需要枕头的原因

1.完全没必要

对于宝宝来讲，最舒服的方式就是不垫任何东西。只要有枕头，就会对他们的颈椎造成不必要的压力。婴儿的头占身体比例的1/4，人家的大脑袋就是天生自带的枕头，当妈的真的就别操心了。

2.枕也枕不住

3个月之前孩子不会翻身，抗议不了什么，一旦孩子学会翻身，抗议的第一件事就是枕头，任凭你夜里搬他千百次，让会翻身的小娃睡在枕头上简直是不可能完成的任务！枕头根本就是摆设！不仅没有起到枕头应该起的作用，还完全变成孩子半夜翻滚路上的绊脚石，多少刚学会翻身的孩子半夜被气哭，就是因为一直努力地翻啊翻，但是前面总挡着一座逾越不了的"大山"。

枕头这件事，妈妈们为啥总有操不完的心

1.怕睡出一个丑头型

除了宝宝睡不好，宝宝头型的美丑也是妈妈们很关心的问题。头型美，很重要。如果不用定型枕，娃总是扭到一侧睡，睡成偏头咋办？

这确实是个问题，因为在妈妈肚子里，大多数的宝宝已经养成了某一边的偏好，如果不注意，不出1个月就会造成头型不对称，越睡越偏，恶性循环。改善头型最好的时机是6个月之前！出生4个月内，囟门骨缝还没完全闭合，骨头尚软，6个月前，头骨还没变硬。

但是，这跟定型枕没有任何关系。没有任何研究能证明定型枕对睡出好头型有帮助，而且不论定型枕的凹槽看起来多么完美，孩子也有办法转到他想转的那个方向。

防偏头的正确方法是：熟睡后，给宝宝变换姿势，仰卧是最安全的姿势，但总是仰卧，容易让后脑勺扁平。父母要在孩子入睡后15~20分钟进入熟睡期时，轻轻给孩子的头换个方向。宝宝更愿意追随妈妈的方向，所以要时常变换睡觉位置，可以5天朝左睡，5天朝右睡，让宝宝两边侧睡的时间能大体相当。醒的时候，宝宝喜欢有光的方向以及妈妈声音来源的方向，陪玩的时候尽量偏向他不喜欢的那侧，这样即便有偏头，过段时间也会纠正好。

2.怕孩子吐奶

一大部分妈妈给孩子用枕头，是为了防止孩子吐奶。小婴儿的胃容积小，胃呈水平位。如果吃得过多或过快，吸入过多的空气容易引起吐奶的现象。

这确实也是个问题。但是，这也跟枕头没有任何关系。

正确的防吐奶打开方式是：如果宝宝吐奶严重，那在吃奶时尽量不要平躺，可以让孩子半躺或坐着喂。喂完之后竖抱宝宝，轻轻拍宝宝背部，帮助打嗝或吐气，一般把嗝拍出来就好了。还有一部分孩子吐奶厉害是因为胃食管反流，这样的宝宝建议半卧位——垫高孩子的上半身，还有就是右侧卧，这样做对控制小宝宝吐奶很有效果。

宝宝什么时候需要枕头

关于这个问题的答案非常多，3个月、半岁、1岁时需要，到老

都不需要……

美国权威儿童睡眠专家的结论是，至少满1岁。而且，1岁以上的儿童其实也不怎么需要枕头，只是家长认为他们需要，枕头不过是孩子模仿大人睡前仪式的一个道具。

CC原来的枕头完全就是哄睡道具，睡的时候确实是枕在枕头上，但是半夜肯定没枕着枕头，枕头也许成了她的腰垫，也许成了她的脚垫，她就是能边睡边360度旋转。

如同养育孩子的任何一件事，枕头这事也没有那么教条。不是说1岁之前一定不能枕，1岁之后一定就要枕。有的宝宝就是爱枕，一宿都枕在枕头上，也不踢被子，一觉就能睡到大天亮，那就是很适应枕头。但还有一部分宝宝，即便是白天的小睡也能变着法子地转到枕头之外，如果你家也是这种孩子，那就不要强迫他一定用枕头。

怎么样最舒服，真的只有孩子自己最清楚。有时候CC睡成一个"麻花"，看着都替她难受，但是人家自己舒服，你真把她放平了，她也许就睡不好了。枕头这件事，用或不用，都尊重孩子自己的选择吧。

孩子总是踢被子怎么办

妈妈们曾总结过宝宝三大天敌：袜子、鞋子和被子。到家绝不肯继续穿鞋子和袜子，睡觉绝不肯乖乖盖被子。

我家DD满月之后就自动学会了踢被子，别看移动都困难，踢起被子来那叫一个利索。等会翻身之后更绝，360度无死角翻滚，夜里要是找孩子都得摸黑找半天才摸得到呢，更别提被子了。等再大一些会说话了，除了肢体上的抗议，还有语言上的拒绝，半夜蹑手蹑脚地偷偷盖一下，人家一记回旋踢，还要气鼓鼓地大叫："不盖被被！不盖被被！"

凌晨2点不是应该深度睡眠吗？怎么还这般警觉？最惨的当然是当妈的，白天累成狗，好不容易伺候睡着了，还不消停。刚刚盖好的被子，一会儿就被压到身下、蹬在脚底。盖被子的速度永远赶不上踢被子的节奏。

宝宝踢被子的三大原因

1.热热热

几乎90%的家长都反映："我明明已经冷死了，棉被都盖上

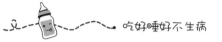

了，只是轻轻地给他搭了一条纱布巾，他还是要踢！"你可知道宝宝踢被子的一大原因正是热。

成人之间对冷热的感悟尚且不同，何况成人与孩子。孩子的新陈代谢速度比大人要快，所以也比大人更容易出汗。宝宝大脑及神经调节中枢发育不如成人成熟，但汗腺比成人发达，而汗腺分泌由迷走神经控制。小宝宝大都是前半夜热，后半夜冷。刚入睡后，迷走神经依旧兴奋，导致出汗多，只能通过踢被子来散热，从而达到调节身体温度的效果。

2.被束缚

宝宝的手脚协调性并没有那么好，再加上睡觉不老实经常变换姿势，经常睡着睡着就把自己睡成"五花大绑"。比如，被子压到身下导致手没法活动，或是脚被被子裹住不能自由踢动。如果盖的是比较厚重的被子，还会给宝宝带来压迫感，容易感觉闷热，只能通过踢被子解除阻力，换一些凉爽空气进来。以上种种产生的束缚感，都会让宝宝对被子产生不满甚至反感。

3.影响发育

当孩子的衣服穿得过多，或是睡觉盖得过厚的时候，身体里的热量就不能及时散发出去。这时人体自身的调节功能就会发挥作用：要么心脏会跳得弱些，以便少产生热量；要么就会出汗或者发热，以便被动散热。长此以往会影响心脏的发育，而心跳弱了就会影响整个身体循环，影响到孩子其他器官的发育，体质也就随之下降了。

在盖被子这件事上，妈妈们总有操不完的心。怕孩子夜里受凉感冒，受累的还是自己。所以宁愿多起几次夜，也不愿孩子受罪、大人揪心。然而，夜里受凉不会导致感冒，不过受凉有可能引发腹泻。所以，半夜让宝宝受凉肯定也是不行的。

不能受凉又盖不住被子，到底该怎么办

1.请允许孩子有自己的冷热观

我们总不愿相信孩子自己知道饥饱和冷热，所以我们喂饭喂到孩子厌食，盖被子盖到孩子抗议。

穿衣盖被，标准是后颈温热。手脚凉不代表冷，因为孩子的循环机制尚不健全，末梢部位温凉都是正常的。所以即便你已经裹上了过冬的棉被，如果孩子盖毛巾被都嫌热，就帮他换个纱布巾。请相信，如果盖被子能让他感到更舒服和暖和，孩子不会傻到让自己冻着。

2.学会巧妙地盖被子

首先要选择比较轻柔的被子。宝宝刚睡着时盖薄点的被子，到睡熟或后半夜再加一层，也可将薄被换成厚被。因为刚睡着容易出汗，出完之后进入熟睡阶段就会比较稳定。盖被时，露出宝宝的胳膊和小脚丫。这样宝宝感觉会比较自由，踢被子的次数会大大减少，还能大大降低新生儿窒息的风险。

3.选择合适的睡衣和睡袋

给宝宝选择透气吸汗的棉质内衣，不要穿得太多太厚。对于实在盖不住被子的宝宝，最后的终极武器就是穿睡袋。自由有了，温度也有了，简直是防踢神器。睡袋好处很多，除了没有踢被子的后

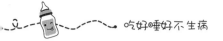

顾之忧，也更安全，还可减少SIDS（婴儿猝死综合征）。对于习惯抱睡或需要夜奶的宝宝，在秋冬，穿好睡袋、抱着喂奶、哄睡之后再放到床上，宝宝背部不会感到温度突然变化，更有益于睡眠。但是睡袋也只是手段，如果分不清冷热，抓不住命门，再好的睡袋也拯救不了捂得巨热或被束缚得极不自由的孩子。虽然他是踢不开了，但也一定睡不好。

首先，薄厚的选择要合适。

CC小时候，不同厚度的睡袋（短袖、长袖、薄加棉、厚加棉）会有三四个。厚度选对就成功了一半，如果你不想受半夜给娃盖被子的苦，那睡袋这部分功课就不能省。尤其是换季时分，虽然"乱穿衣"的季节换起来麻烦些，但是选对了合适的厚度，孩子既不会热醒又不会冻病，也是值得的啊！

其次，穿着也讲究技巧。

我通常是睡前就给孩子们换好睡袋，如果比较安静，就规规矩矩地穿着。但大部分时候我家两娃都比较兴奋，会先玩一会儿。那就敞开一些，以免出汗过多。睡着之后也先别急着都系上，先敞开下面散热。如果感觉室内温度很低，敞开的下半身可以搭一个薄点的小被子。当然，就这样，孩子也会照踢不误。等迷走神经不那么兴奋、不再拼命出汗了（基本也就是我睡觉的时间十一二点），我再全给他们盖上。

另外需要提醒的是，容易盗汗的宝宝，在刚穿上睡衣的时候，可以在后背垫一层吸汗巾或是一块纱布巾，枕头上也放一块。等到汗出完之后，把湿透的方巾取出来。这样宝宝又能直接接触到干燥的睡衣或睡袋。

　　很多妈妈问宝宝盖不住被子的破解之法。CC小的时候我也为此操碎了心，整宿整宿地睡不好。盖上一层，一摸，有汗，赶紧撩开；过一会儿，一摸，手又凉了，赶紧盖一层，如此反复，一折腾就是半宿。后来，我发现冷一冷CC也没感冒，才慢慢接受了她奇葩的低温度，春秋就是单层睡衣，冬天就是秋衣和夹棉睡袋，永远都比我们少好几层。

吃好睡好不生病

睡眠安全隐患不能忽视

曾经有位宝妈给C妈留言，说自己差点被吓死。那天她像往常一样把孩子奶睡着了，然后准备去做饭。怕油烟机太吵，听不见宝宝哭，于是就把孩子放在了沙发角上，3个月的孩子又不会翻，想来也没什么安全隐患，为了确保万无一失，还在孩子旁边挡了一个垫子。蒸上米饭回来看孩子，发现孩子直接翻进了沙发缝里，正在挣扎。吓得她赶紧把孩子抱起，孩子"哇"一声，哭得撕心裂肺。还好及时发现，但是想想真的令人后怕，如果发现得再晚一会儿，或者家里的沙发再软一点儿，后果不堪设想。

很多时候我们以为危险离得很远，其实大部分危险都出现在我们身边那些意想不到的地方。

摇篮、推车、安全座椅

现在有很多"哄睡神器"帮助妈妈解放双手，孩子的睡眠习惯也花样百出。有喜欢在摇篮里摇着睡的；有喜欢被推车推着睡的；还有喜欢在安全座椅上颠着睡的。怎么窝着、挤着都睡得倍儿香，

152

一抱到床上就炸了，所以很多妈妈也就接受了这种睡眠方式。

但是这些不是专为睡眠设计的工具，有很大的安全隐患。它们的设计都有一定的坡度，宝宝在颠簸和移动的过程中，很容易出现身体下滑、头部低垂的情况。这时过重的头部就会挤压到气管，而小月龄宝宝，颈部肌肉还没什么力量，不足以支撑自己的大脑袋抬起或转动，呼吸就会憋住。如果没有及时发现，就会出现窒息风险。所以，如果宝宝在汽车座椅、婴儿车、秋千、摇篮、吊索上睡着了，应该尽快把他放回小床上。如果是车辆行驶过程中，可以把宝宝的头部偏到一侧，这是安全的睡姿。

床上的寝具

大床：跟孩子同床睡觉有很多安全隐患，比如大人的被子、毯子、枕头，以及大人自己。

婴儿床：婴儿床上，除了婴儿，什么都不应该放，尤其是枕头、被子、毛绒玩具、衣服等杂物。如果不慎把脸埋进这些柔软的物体中可能会遮掩口鼻，导致呼吸不畅。安抚玩偶、毛绒玩具这类陪睡物品，应该1岁之后再独自出现在床上。1岁之前，妈妈们最好等宝宝睡着之后就拿开。

婴儿床上的床围：经常在网上看到妈妈们晒出各种漂亮的床围，这类床围产品有很多安全隐患。如果床围太软，宝宝的鼻子或脸会被堵住就可能会导致窒息。如果床围偏硬，宝宝可能会爬上床围，踩着它从婴儿床翻出去。床围还有一个潜在的危险就是用来固定床围的那些绑带，也会有勒住或缠绕住宝宝的风险。另外，床围

如果固定得不合适，或者松了之后没有及时系紧，就会与床垫之间留出一个空间，而这个空间很有可能会卡住宝宝的头，而他们可能没有力量或活动技巧摆脱。这也是为什么美国儿科学会自2011年以来，一直反对使用床围。在这里也提醒妈妈们，一定要慎用床围！不用怕婴儿床的木栏杆会撞到宝宝的头，宝宝没那么脆弱。

说到大小床，常有妈妈问怎么跟孩子睡比较好。美国儿科学会建议母婴同房不同床（6个月前），但是很多妈妈觉得宝宝在小床上睡太麻烦，尤其是夜间喂奶的时候，还要抱过来放回去，有的时候自己都睡迷糊了，也就懒得放回去了。C妈以过来人的立场奉劝，后期哄睡的罪，都是早期省的事儿！放回去的这个过程很麻烦，但不容易养成乳头依赖，对于培养宝宝自主入睡很重要。所以，最好的方式是婴儿床和大床并在一起。宝宝可以看到妈妈，闻到妈妈的气味，喂奶也很方便。需要提醒的是，婴儿床与大床之间的位置要挨近，床与床之间不能留缝隙，否则会导致卡住或坠落。对于移动能力已经较强的宝宝，务必把婴儿床固定，以免滑动翻落。

沙发

永远不要把孩子放在沙发上睡觉，这是一个非常危险的地方。就像开头那位妈妈的例子，再硬的沙发也比床软，一来，柔软容易助宝宝顺势翻滚；二来，翻身之后想支撑起来更难。即便是已经学会抬头的宝宝，在沙发上也有窒息的危险，因为底面过软就缓冲了支撑的力度，宝宝很难从深陷的沙发中支撑起来。

同样，不论大床和小床的床垫，也是越硬越安全，判断的标准就是当宝宝躺在上面时，他不应该下陷。如果是开篇的那种妈妈不得不把宝宝放在视线内的情况，更建议把宝宝放在爬行垫上。

穿盖安全

4个月之前的宝宝襁褓不要裹得太厚、太紧，捂热综合征想必大家都听过，刚出生的婴儿自身温度调节机制尚未发育完全，如果襁褓裹得太厚或太紧，容易出现体温过热或窒息。

4个月之后的宝宝睡觉时穿连体睡衣或睡袋，是比被子、毯子更安全的选择。因为后者可能会在翻滚中盖住头部。妈妈怕宝宝冻着，会给宝宝盖很多、很厚，一旦被子盖住口鼻，小月龄的宝宝是没有能力自己拉开的，3个月之前的宝宝连自己的手是谁的可能都不知道！而且用睡袋也省去了操心宝宝360度无死角踢被的担忧。

睡姿安全

仰卧是最安全的姿势。自1992年起，美国儿科学会建议，健康的婴儿都应尽量仰卧睡，可以减少婴儿猝死综合征的发生。另外，趴睡，尤其是趴在一堆杂物之间，空气不能很好地流通，宝宝会重复呼吸到之前呼出的空气，容易吸入更多的二氧化碳。

对于吐奶严重，或者胃食管反流的宝宝，需要抬高宝宝的上半身。正确方式不是在宝宝身下直接垫枕头，而是应该把枕头垫到床垫下面。等宝宝从仰卧到俯卧没有问题了，他再想怎么睡，即便是把自己拧成"麻花"，我们也都不需要干预了。

安全无小事，别总觉得新闻里的意外离我们很远，万分之一的

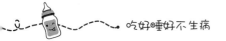

危险发生在自己的孩子身上也是百分之百。妈妈们可以自查一下，看看自己有没有疏忽的地方。

本文观点参考：《西尔斯亲密育儿百科》《美国儿科学会育儿百科》、BabyCenter网站

Part 3
你的宝宝生长发育落后了吗

宝宝睡觉一惊一乍是受惊吓了吗？

宝宝快4个月就喜欢坐着，坐早了会不会驼背？

孩子1岁了还是站不稳，是因为缺钙吗？

宝宝特别瘦小，是不是缺微量元素？

鱼油？鱼肝油？维生素AD？维生素D？补维生素D的产品到底

选哪个？

宝宝骨密度检测低需要补钙吗？

当孩子出现生长痛时，我们能做什么？

想要宝宝长得高，该怎么做？

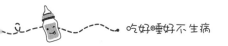

你的宝宝发育认知落后了吗

当妈之后，最担心的事恐怕就是：我的宝宝发育落后了吗？认知跟上节奏了吗？同月龄的正常孩子发育到什么程度算是正常的？如果不干预，对宝宝的发育和认知有影响吗？爸爸妈妈在日常养育中该如何陪伴和引导？

0~3个月

出生的头3个月，宝宝最重要的两件事，一件是认识周围的世界，另一件就是认识自己。

1.认知能力里程碑

在这3个月的时间里，他慢慢知道自己的眼睛可以看到不同的颜色，自己的耳朵可以听到不同的声音，时不时在自己眼前比画的那双手，原来是自己身体的一部分。

家长要如何做？

多跟宝宝说话，让他尽快地建立自己跟这个世界的连接，让他知道饿了有人喂，困了有人哄。引导宝宝认识自己的手、脚，宝宝醒着的时候多跟他面对面交流，大人表情丰富的脸，就是刚出生的宝宝最喜欢观察的事物。

2.精细动作里程碑

从出生开始，宝宝就有抓住手中物件的本能。2个月的时候给他一个玩具，他能抓住并握一小会儿；3个月的时候，就能摇动摇铃，伸手抓住悬挂在面前的玩具。抓握类玩具可以是大人的手指、摇铃、软硬不同的积木，甚至家里任何一种可以当玩具的日用品。

家长要如何做?

尽量准备多种材质的抓握玩具，可以刺激宝宝的触觉发育。

3.视觉里程碑

从出生到3个月，宝宝的视力会越来越好，逐渐可以辨识更多的色彩，以及看清楚更远处的东西。到第3个月的时候，眼睛可追视物品转动180度。

视觉激发类玩具：人脸、红色小球、黑白视觉激发卡、彩色摇铃。刚出生的宝宝最感兴趣的就是人脸。除此之外，新生儿最敏感的颜色，就是红色和白色对比强烈的卡片。

家长要如何做?

追视：开始使用红球比较好，把红色小球放在距离宝宝眼睛25~40cm的位置，左右缓慢移动，宝宝的眼睛有时候会跟着移动。最开始宝宝追到一半可能就追丢了，这是很正常的，可以重新开始。

听声辨位：拿两个摇铃，先在宝宝左侧轻晃左边的摇铃，看宝宝是不是寻找并注视，等几秒，再从宝宝右侧轻晃右边的摇铃，看宝宝会不会扭头寻找。这么做可以同时考验宝宝视觉和听觉的敏感

度，也是一种专注力训练。

4.语言能力里程碑

到3个月的时候，宝宝被逗引时就会笑了，也会循着声音向声源方向转头。

能发出声音的玩具：摇铃、早教机，以及人声。

家长要如何做？

相较于各种玩具，爸爸妈妈的声音永远是最好听的声音，从宝宝出生就要多跟宝宝说话，不要担心他听不懂，跟他描述你们在做的每一件事。

5.大运动里程碑

刚出生的宝宝手脚都是乱舞的，从出生后就可以让宝宝练习趴，开始只能勉强抬头几秒，一般2个月左右的宝宝在趴着的时候就可以稍微抬起头，将头从一侧转到另一侧。

到了3个月，可以从仰卧位变成侧卧位；俯卧时可抬头45度，头部和胸部可以抬起；竖抱时头可以稳当一会儿；趴着或仰卧时可以抬腿踢来踢去。

辅助玩具：同样趴着的你、小镜子、会移动的发条玩具。

家长要如何做？

从出生就给宝宝准备一个地垫，每天都要有一些"地板时间"，只要醒着就尽量多趴，开始可以少趴一会儿、多趴几次。对于不爱趴的宝宝，可以在他面前放一面小镜子，或者一个可以缓慢移动的发条小玩具，爸爸妈妈也可以趴下来跟宝宝对话、唱歌。

4~7 个月

1.认知能力里程碑

可以辨识不同看护人的声音，能分辨熟人和陌生人，玩具不见了也会寻找；可以理解一些名词，比如问宝宝"你的玩具车在哪儿"，他会朝玩具车的方向看；能听懂自己的名字，听到别人呼唤会转头。

家长要如何做？

宝宝见到陌生人，要给他一个熟悉的过程；可以用手帕跟宝宝玩躲猫猫的游戏，为即将到来的分离焦虑做准备；告诉孩子每件事物都有名字，跟宝宝玩的时候，着重介绍他的玩具，如"这个是CC的积木"。

2.精细动作里程碑

4个月的宝宝已经能准确地把任何拿到手的东西放进嘴巴，自己就能摇响拨浪鼓了；5个月就能两手各抓一个玩具，会把五个指头凑在一起抓握细小的物件（不是捏）；到六七个月的时候，会用手掌、手指和大拇指抓，会用手指指物品。

抓握类玩具：可以发声的布玩偶，一捏就响的软球，按不同按键会发声的玩具，可以看到里面发出响声的小颗粒的透明摇铃。

家长要如何做？

在一定距离内给宝宝两个不同的摇铃，鼓励宝宝自己去抓他喜欢的那个；给宝宝两个玩具，等宝宝抓住一个之后，再给他第二个。一开始，他会扔掉之前抓住的玩具，然后去抓第二个，慢

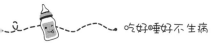

吃好睡好不生病

慢地，他就能学会两手抓两个玩具，这证明宝宝的抓握能力又向前迈进了一大步。鼓励宝宝用手指去捏、去按、去抠。捏会响、按会叫、抠手指会钻进去是这个年纪的孩子学会的技能之一，也会因此对事物之间的因果联系有所认知。

3.视觉里程碑

4个月之后，宝宝的视力基本与成人无异，色彩的辨识度也达到了成人的水平。

视觉激发类玩具：彩色视觉激发卡、彩色玩具。

家长要如何做？

可以继续用彩色视觉激发卡玩追视游戏，这个阶段的宝宝已经能追上几轮了。除此之外，最好的视觉刺激就是亲近自然，多带孩子看看大自然中的花草树木。

4.语言能力里程碑

4个月的时候，宝宝就能在大人的引导下发音交流了，最初可能是简单的"嗯嗯""啊啊"；5个月左右开始会自己观察，有的宝宝就开始盯着大人发音的口型了；6个月的宝宝会乐于尝试发出各种声音，会含糊而重复地发音。

家长要如何做？

可以给宝宝多听一些有韵律的儿歌、童谣，有的宝宝会跟着韵律摇动。宝宝观察你的口型时，放慢速度地给他重复。

5.大运动里程碑

这个阶段有两件大事：翻身和学坐。4个月的宝宝趴着的时候能用胳膊撑起身体抬头90度；5个月轻拉腕部即可坐起，独坐时还不太

162

稳，头和身体会向前倾，扶腋下能站起；到六七个月，有的宝宝可以独自坐一会儿。

辅助玩具：鲜艳有趣的玩具、婴儿健身架。

家长要如何做？

依然是让孩子多趴，然后有目的地帮助孩子学习翻身，练习独坐。可以用手扶住他，用枕头撑住他的背或者将他放在沙发角上，让他学习平衡身体。很快他就能学会"三足鼎立"，也就是身体向前倾，用两只手臂帮忙平衡上半身。当然，练习平衡的时候，可以在他面前摆一些鲜艳、有趣的玩具。

8~12 个月

1.认知能力里程碑

8个月的宝宝已经可以看懂成人的面部表情：高兴或是生气了，也开始学着模仿别人的动作，如招手再见。接近1岁之后，已经能听懂一些简单的指令，尤其是"不"的含义，也会基本的表达，比如指着水杯说"杯杯"。人小鬼大的1岁孩子，已经开始对人和物有喜恶之分。

2.精细动作里程碑

宝宝慢慢地从满手抓，过渡为手指抓，再过渡为指腹捏。8个月的宝宝会自己抓着东西吃，满1岁的宝宝已经可以搭起2~3块积木了。

抓握类玩具：手指食物、形状盒，不同大小、形状、颜色的可叠起来的玩具，依然是各种挤捏可以发声的玩具。

家长要如何做？

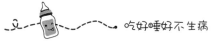

向孩子展示各种玩具更"高阶"的玩法。比如，两块积木敲打发出声音，把积木放进积木盒，把两块积木摞起来、推倒，扩展玩耍技能，而不只是继续停留在外观和触感阶段。开始需要演示给宝宝看，然后给宝宝机会自己尝试，通过不断试错，让宝宝拥有解决问题的能力。提供足够多的手指食物，让宝宝在进食过程中练习手部的精细动作。

3.语言能力里程碑

这个阶段宝宝语言能力的差异还蛮大的，有的宝宝9个月就会说出简单的词了，有的宝宝1岁还不能说出"爸爸妈妈"。千万不要着急，不能说不代表听不懂，很多宝宝会用一个词表达多个意思。

家长要如何做？

一个非常有利的工具终于可以正式上线了——那就是绘本！除此之外，还有儿歌、童谣、手指谣。输入和互动是引导宝宝早开口的两个利器，当宝宝可以准确地说出单词之后，要多使用选择句式鼓励宝宝说话。比如"CC想要香蕉还是橙子""我们穿红色的外套还是绿色的外套"。输入很重要，鼓励宝宝输出也同样重要。

4.大运动里程碑

这个阶段最重要的三件事就是爬行、学习独站和走路。大部分宝宝8个月的时候已经爬得很好了，10个月的时候开始可以独站片刻，然后慢慢地扶物独行、推车独行，到直立行走。

辅助玩具：学步手推车。

家长要如何做？

大运动不能耽搁，从前鼓励多趴，这个阶段鼓励多爬。要给宝宝提供安全的、足够大的探索范围去爬、去练习站和走。多带宝宝外出接触陌生人，而不是闷在家里。这个时候如果能接触各种各样的人，以后就不会太怕生。

宝宝的认知发育，一方面是靠天生，另一方面是靠父母和环境。从出生到1岁是很重要的认知开发阶段，是否有扎实的基础，很大程度会影响到之后的认知能力发展。

遇到新生儿的这些异常行为该怎么办

不停打嗝是喂奶方式不对吗

很多宝宝都会打嗝，而且一打就要好久，看着都替他难受。很多妈妈表示明明喂完奶之后拍嗝了，怎么还是打个不停？

新生儿打嗝固然跟喂奶方式有关，但更重要的原因是，3个月之前宝宝的横膈肌还没有发育成熟。一般3个月后打嗝的现象会自然好转。打嗝对身体健康没有任何不良影响，也不需要干预，有的宝宝喂点水或奶可以让打嗝暂停，但是对有的宝宝根本无效。

睡觉一惊一乍是受惊吓了吗

新生儿睡着后经常会一惊一乍，或者闭着眼睛双手突然举起，然后大哭。三更半夜看到这种景象，再联想一下坊间的各种传言，对于胆小的新手妈妈来讲还是蛮惊悚的。其实这只是新生儿常见的惊跳反射，并不是吓着了，随着年龄的增长会越来越少，通常到4个月后消失。可以这样帮助宝宝：睡觉的时候裹紧襁褓，这样就能减少惊醒；白天如果容易被声音惊吓，可以放白噪声。

头一直摇晃是有什么毛病吗

有的宝宝躺在床上头摇得跟拨浪鼓一样，带劲儿到完全停不下来。

看得妈妈们一阵心惊，"妈呀，这是什么节奏，不是说剧烈摇晃会脑震荡吗，难不成是头疼不舒服吗？不会晃出什么毛病吧？"

有调查表明，每5个宝宝当中至少1人会在睡觉时激烈地摇晃头部，有的6~7个月左右的宝宝还会晃来晃去甚至撞头。但晃头是一种宝宝缓解烦躁的方式，有节奏地晃动会让他们感觉轻松，并不是什么行为或情绪上的问题。应对宝宝的摇晃，最好的办法就是不介入，更不需要强行制止。

眼屎很多是"上火"吗

大多数新生儿在头1~2个月是没有眼泪或仅有几滴眼泪的。因为这个时候宝宝的泪腺还没发育完善，不能分泌很多的眼泪，所以眼屎就会多，95%的新生儿的泪腺会在6个月发育完全。眼屎多并不是炎症或上火，更不要滴眼药水、喝败火茶！正确的处理方法是：用干净的棉球蘸水帮助宝宝擦拭掉分泌物，也可以帮助宝宝按摩泪腺。

口水流个不停是"上火"吗

0~6个月的宝宝流口水通常只有两个原因：长牙或是疾病。

口水多的一种原因是长牙。关于长牙前多久开始流口水，实

在不好说。有的孩子流几个月才能出牙，比如CC3个月就成"口水罐"了，我每天都盼着她出牙，盼了3个月才出了一颗。有的宝宝口水还没流几天牙就跟着往外冒了。

口水多的另外一种原因就是疾病。比较常见的就是疱疹性咽峡炎和手足口病。如果宝宝非出牙期突然流口水，或出牙期口水突然增多，最好检查一下口腔以及咽部有没有疱疹。

枕秃、出汗是佝偻病吗，要补钙吗

宝宝出生后的胎发都是会脱落的，就如同乳牙最后会脱落，恒牙会长出一样。所以在宝宝6个月之前，脱发这件事儿首先肯定是正常的。而头几个月宝宝躺着的机会比较多，后脑勺与床铺摩擦自然会加速胎发的脱落。如果还给宝宝枕了颇具摩擦力的枕头，那肯定会秃得更严重，但这都不是因为缺啥！很多妈妈容易由枕秃联想到佝偻病，因为枕秃、多汗都是佝偻病的症状。如果说单单枕秃还不足以引起恐慌，那么加一个"神助攻"就不由得让人心生警惕了——巧了，宝宝还总出汗！

小宝宝总出汗，多到怎么看怎么不像是正常现象。但这真的是正常的。由于婴儿控制体温的中枢神经还没有发育完全，而且新陈代谢也比成人更快，所以格外易出汗，尤其是在夜间，有时候衣服都会湿透，但这不是生病，也不是体虚，更不是缺啥！

夜里睡觉出汗很多，首先要考虑是不是太热了，当然不能参照成人的标准。通常宝宝穿的和盖的比大人需要的要少，判断冷热的标准是脖子温热、手脚不凉。如果摸到脖子有汗，那一定就是太热了。宝宝睡觉不需要被子，穿厚薄适宜的睡衣或睡袋即可。

所以，多汗、枕秃虽然是佝偻病的症状，但佝偻病却不是引发这两种症状的唯一原因。再者，佝偻病也不是因为缺钙，而是维生素D摄入量不足。母乳宝宝只要按时按量地补充维生素D，就很少会出现佝偻病。

新生儿感冒鼻塞、打喷嚏怎么办

母乳自带抗体，3个月之内的宝宝感冒的比例确实不高，所以最初有妈妈火急火燎地问新生宝宝感冒了怎么办时，我也跟着着急上火。我们虽然建议常见小儿疾病不要急着往医院跑，但是新生儿生病确实很麻烦。

可是再一追问，90%不过是虚惊一场，很多妈妈只是误把新生儿鼻塞当作感冒鼻塞。很多宝宝鼻子不太通气的原因是鼻孔太小，一旦空气质量不好，比如雾霾天（即便不开窗，室内也必然会受到影响），或者空气太干燥，那么形成的鼻屎就会多且硬，堵住一部分鼻孔，影响宝宝呼吸，听起来呼哧呼哧的。可以滴一滴淡盐水或是母乳进鼻孔，帮助鼻屎软化；平时可以开加湿器保持室内空气湿度。

而所谓感冒的第二个症状——打喷嚏多，也正是受到鼻屎的刺激导致，是宝宝鼻腔自我清洁、排出鼻屎的一种正常反应。当然，除此之外，打喷嚏也有可能是受到灰尘、温度等刺激所致。总之，判断新生儿是否感冒，还要看有没有稀鼻涕，以及体温有没有升高。

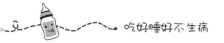

每个妈妈都应该知道的猛长期小秘密

很多妈妈都有过类似的经历，跟宝宝磨合良久，好不容易找准了一点点节奏：衔乳姿势没问题了，奶量供需平衡了，吃—玩—睡的作息也渐入正轨了。然而，你永远不明白宝宝到底哪儿出了问题——莫非身体不舒服？甚至忍不住自我怀疑——难道是奶不够吃？当然，这些都有可能。但如果你排除了所有因素，还是没找到原因，不妨看一看宝宝是不是正在经历一个猛长期。

什么是猛长期

生命中没有哪年会像第一年一样，人体会发生如此大的变化。到宝宝1岁的时候，他的体重可能已经到了出生时的3倍。第一年最重要的任务就是长大。

猛长期，一开始是指青少年时期身高和体重快速增加以及身体特征的快速变化。后来研究发现，0~1岁内的宝宝会不定期出现非常短时间内的身高、体重以及脑容量的快速增加，通常持续几天时间就停止。

在这几天里，有的宝宝甚至可以达到24小时身高就增长1cm的生长速度。于是，猛长期也被用于描述婴儿期这些短暂的快速增长阶段。

猛长期的变化是可以直观测量的。如果把孩子身高、体重的增长结果放到曲线图上，可以很明显看到，在猛长期里，宝宝的生长发育曲线是短时间大幅度往上跳的。

猛长期会在什么时候出现

虽然猛长期在第一年的任何时间都有可能发生，但是一般会集中在下面这几个时间节点：

- 第7~10天
- 第3周
- 第6周
- 第3个月
- 第4个月
- 第6个月
- 第9个月

1岁后，宝宝依然会在特定的时期经历新一轮的猛长。

需要说明的是，猛长期的出现时间有个体差异，不同宝宝并不是完全一致，一般整个过程会持续2~7天。另外，也不是每个宝宝都会出现明显的猛长期，有些宝宝会一直维持比较平稳的增长速度。

和有猛长期表现的宝宝一样，如果没有特殊疾病等因素，这些宝宝体重、身高增长只要在正常范围内，妈妈们也无须担心。

猛长期有何表现，妈妈如何应对

除了体重、身高等快速变化以外，处于猛长期的宝宝还经常有以下特点。

1.喝奶的次数明显增加

这是猛长期最明显的表现，如果之前是每3小时一喂，猛长期可能1~2小时就要吃一次，频率高的宝宝一天吃10来次也是正常的。母乳宝宝的表现就是没完没了地要吃，奶粉宝宝的表现是每次吃完都不满足，已经开始添加辅食的宝宝有种怎么喂都填不饱的感觉。这也是为什么婴儿猛长期也被称为frequency days（频繁喂奶的日子）。

妈妈应该怎么办？

营养均衡：母乳妈妈每天保证摄入谷物、肉类、蔬菜、水果，营养均衡才是必备前提。

按需喂养：猛长期不必过于拘泥时间，最行之有效的办法就是按需喂养，保证宝宝足够的奶量。不用特别在意这个时期的奶多奶少，你的身体会跟着宝宝的节奏做出最合理的回应。如果是奶粉宝宝，每次喂奶时可以增加一点奶量，让宝宝喝够。

别盲目加奶粉：当宝宝哭闹着又要吃，很多妈妈觉得自己母乳不够，就会犹豫要不要给孩子添加奶粉。其实这是没有必要的，宝宝只是在用自己的方式刺激着你增加奶量。在这个过程中，频繁吸吮会通过乳房排空和乳头神经刺激给妈妈的身体传递一个信号：

"宝宝需要更多，我应该分泌更多！"一般几天以后，是可以达到供需平衡的，没有必要太担心，更没有必要添加奶粉或辅食。

2.睡眠时间变长，但因为频繁吃奶，会有更频繁的夜醒

比如，平时宝宝晚间可以坚持吃一次睡3小时，那么猛长期的表现可能是第一觉突然睡了4~5小时，然后接下来的后半夜可能会3点一醒、4点一醒、5点一醒……总之就是一直要吃。

妈妈应该怎么办？

让宝宝好好睡：猛长期，宝宝需要比平时更多的睡眠时间，所以一定要让宝宝充分休息。如果观察到宝宝经常犯困或者不容易叫起床，那么这几天最好让他睡得多一些。不要因为担心白天睡太多，刻意叫醒熟睡中的宝宝。

3.宝宝比平时更易烦躁和黏人

宝宝吃奶时会不断含上、撒开，看起来就像一头狂躁的小狮子。因为他想要更多的奶水，若你的奶量还没跟上，他填不饱小肚子，可能就会变得不安或黏人。再加上晚上也要频繁进食也睡不好，你和宝宝可能都会因此非常烦躁。

妈妈应该怎么办？

更多的耐心和爱：西尔斯曾说过："妈妈的怀抱是孩子最舒适的港湾，也是安抚孩子最好的举动。"这个时候可以多抱抱宝宝，给宝宝听有节奏的音乐，陪着他轻轻地跳跳摇摆舞。

请其他家庭成员帮忙：如果这个时候你也精疲力竭，不妨请其他家庭成员帮忙照顾孩子。左右不过一周，熬过去了，好日子在前头啊！

猛长期之后宝宝有什么表现

宝宝一两天中会睡得额外多；宝宝的大运动可能会上一个新的台阶；妈妈感觉稍微有些胀奶，吃完奶宝宝就平静下来。至此，一个猛长期就算结束了，生活又可以恢复一小段平静啦！

莫名其妙又突如其来的猛长期，常常会让妈妈们措手不及，也很容易把新手妈妈积攒起来的信心击碎。面对烦躁的宝宝，外界的质疑，以及被虐到身心俱疲的自己，与其怨天尤人，还不如来点实实在在的知识储备，让自己可以更游刃有余地应对。相信自己，也相信宝宝，这几天很快就会过去，有了知识和经验储备，相信宝宝的下一个猛长期，你一定可以从容一些。

本文观点参考：《美国儿科学会育儿百科》、Parents网站、BabyCenter网站

通过宝宝学趴及时发现异常

　　不同于坐、爬、走、跳这些常规大运动，趴没有什么可以参照的标准，甚至都没有"三翻六坐七滚八爬"这种民间参考建议。那么，我们怎么判断宝宝在某个月龄"趴"得合不合格呢？如何帮助妈妈们更自信、更有创造性地发掘与自家宝宝发展能力相匹配的练习方式呢？一些宝宝在"趴"的过程中发出的危险信号，如何方便妈妈们及时发现异常？

出生第 1 周

　　大部分宝宝只能脸颊朝下；宝宝可以努力地抬起一点点头；手臂弯曲，双手靠近肩膀位置；膝盖弯曲在臀部之下。

　　很多妈妈问，宝宝什么时候可以开始趴？

　　一般出生就可以练习趴，而不是一定要等到脐带残端脱落后。除非脐带有出血、发炎或者其他医生不建议的情况。因为健康的足月儿只要趴的姿势正确，位置会很安全，不会用到下腹部和骨盆。如果从出生第一周就开始Tummy time（俯卧时间），对于新生儿来

说，之后的"趴"之路会更容易、更顺利。

即便宝宝还不能抬头，趴的姿势对于宝宝适应从子宫内的蜷缩状态过渡到伸展状态，也非常有帮助。可以找一些对于新生儿来讲趴起来更有趣的方法，比如可以跟宝宝面对面趴在硬床上，让宝宝趴在妈妈肚子上，或者可以把他放在瑜伽球上轻轻滚。

第1~2个月

宝宝可以抬起头至45度，但是保持不住，会不断往下"闷头"；脸颊朝下时，抬起的头部可以从左晃到右，或从右晃到左；趴着的时候腿开始伸直，使下腹部也开始接触床面；手臂离身体很远，会试图用手臂向下用力，以支撑起肩膀和胸部。

宝宝趴着的时候，当他抬起头转向某一侧时，说明他正在使用这侧的肌肉。在大脑和身体连接发展的前几个月，他会练习使用脖子两侧的肌肉同时用力，以保持头部的稳定。看起来好像只是宝宝更强壮了，但实际上这是他第一次练习平衡身体两侧，完成生平第一次左右协调！如果你注意到宝宝在趴着的时候只看一个方向，就需要提高警惕，这可能只是一个紧张的迹象，但也有可能是"斜颈"。

第3个月

宝宝可以抬头45~90度，而且比较稳定；可以很好地控制头部左看、右看；可以把手肘放在肩下或肩前支撑；通过下压前臂用力，可以抬起肩膀和一点点前胸。

从前宝宝转头，只是清理呼吸道，或者只是觅食反射，但是这个月龄宝宝的转头就是有目的地四下张望了。这个时期所有的头部左右转动和上下低抬，都能帮助宝宝发展他的运动和视觉、感觉系统，训练前庭功能。感觉系统训练从这个时候就正式开始了！

　　感觉系统失调不是病，但是小时候不干预，长大将无法改变。0~3岁是感觉统合的形成期，3~6岁是最佳矫正期，6~13岁是弥补期（也许此阶段花了几倍甚至几十倍的努力，但是矫正效果仍然不好），13岁感觉统合基本定型，难以矫正。如果宝宝满3个月时头仍没有很好地竖起来（竖起而不是竖稳），有可能是健康或发育出问题的信号，建议去医院咨询和检查，排除疾病因素。

第 4 个月

　　可以抬头至 90 度，并能稳住一会儿；可以通过上臂用力抬起前胸部；当宝宝低头向下看的时候，依然能保持前胸抬起；这个时期宝宝可以把手臂和腿同时抬离地面，就像飞行或者游泳那样。当宝宝看到他喜爱的玩具就在面前时，他很有可能会把姿势变成"飞行"或"游泳"的姿势。

　　别觉得这毫无意义，如果宝宝能交替做用前臂支撑起前胸的"趴姿"，以及四肢抬离地面的"泳姿"。恭喜你，这是一种很棒的运动协调的迹象。这说明他正在为爬行做准备。

第 5 个月

　　5个月的宝宝应该会经常趴着了。趴着的时候，也开始不安分地够眼前的玩具了；会试着有意地从趴姿变为侧卧姿；开始通过伸直

手臂支起胸部。

当宝宝由趴变躺这个技能越来越熟练之后，他就开始学会偷懒了。你想让他安安分分地趴会儿，分分钟就滚回来了。毕竟趴着没有躺着舒服，所以很多妈妈会发现这个阶段宝宝不如以前愿意趴了。这个时期为了延长趴的时间，可以多用一些花样道具。每天还是要尽量保持一定的俯卧时间，为宝宝的身体发展更多的技能做准备。

如果宝宝趴着的时候头部不能抬至90度，两腿仍然无力，脚落在坚硬的平面上时不会用脚蹬，可能是没达到此阶段发育标准的警告信号。

第6~7个月

宝宝趴的时候可以用一只胳膊支撑了；试图手臂用力、肚子蹭地往后倒；试图用四肢支撑肚子离开地面，向"俯卧撑"姿势进军；开始学会直接用手而不只是前臂做支撑；手掌开始放松地撑在地板（床面）上，而不再一直握成拳头。

俯卧时间对手部的发展是非常重要的。宝宝现在看上去可以轻轻松松地完成张开双手、按向地面，然后用力撑起身体这个动作。但你不知道的是，这看似简单的步骤都是之前几个月通过不断地"趴"进行负重训练，伸展和加强他手部肌肉的结果。所以，千万不要小看"趴"！

如果满7个月时，宝宝仍不会翻身（不管是从仰卧到俯卧，还是从俯卧到仰卧），可能代表发育迟缓，必要的话咨询一下儿科医生。

7 个月之后

7个月之后的宝宝还需要趴吗？

转眼到了7个月，有一部分宝宝已经在"趴"这一课程上结业了，宝宝的大运动将会进入一个新阶段——坐或者爬。趴不再是运动的主旋律，而只是宝宝进行其他运动的一个"过渡姿势"。比如，躺着的时候，先翻个身趴下，然后再转成坐姿。或者睡醒了，先翻身趴下，再开始爬。这个时候依然建议每天给孩子一些floor time（地板时间），但是不必格外强调"趴"这个姿势了。

在这个时期，宝宝出现哪些情况，建议妈妈们继续训练趴呢？

· 如果宝宝斜颈（多趴有助于加强颈部肌肉训练）；

· 如果宝宝趴着的时候，身体的承重点依然在前臂和手；

· 如果宝宝还不能通过双手向下用力将胸部完全抬起；

· 如果宝宝是平头，也可以适当让宝宝多趴。

最后C妈要说，以上列出的年龄只是平均值！妈妈们要尊重个体差异，尊重宝宝内在发育的规律。妈妈们应该看重的是宝宝发展的上升曲线美不美，而不是他的起跑点早不早。

宝宝坐早了真的会驼背吗

　　"坐"，算得上是宝宝大运动发展一个重要里程碑。因为从此宝宝的世界终于不再是只有天花板了，他的活动范围变得更广、活动内容变得更加自主。当然，对于妈妈们也同样重要，因为我们总有操不完的心。无论宝宝发展到哪个阶段，都不免会担心有没有落后，是不是正常。所以，尽管个体差异导致大运动的发展快慢属于正常现象，但每个具体的发展阶段，可能会遇到的具体问题，妈妈们还是应该有所了解。下面收集的是妈妈们提问频率比较高、比较典型的几个问题。

宝宝快 4 个月的时候就喜欢坐着，这么小可以让他坐吗

　　一旦宝宝坐起来过，就再也不会满足于躺着了，就跟一旦被竖抱，就不会再喜欢横抱一样。因为坐起来后得到的是一个崭新的视角，对于之前天天盯着天花板的宝宝来说，哪怕他还没有坐的能力，即便是只能扶着或靠着坐，宝宝也会不再满足于躺着。但是，爸爸妈妈们不能为了满足孩子，过早让他学坐，这对脊柱的发育不利。

婴儿的骨骼柔软，含钙量比成年人少，脊柱还不具备成人特有的4个生理弯曲，几乎是直的。细心观察就能发现，过早坐立的宝宝整个脊椎是呈C型弯曲的，他们的肌肉缺乏相应支撑起来的力量。有的宝宝甚至会往前倾，这不仅很危险，还容易给宝宝造成惊吓，对"坐"产生阴影。不过，4个月之后，妈妈们可以适当"抱坐"。其实也等于抬高宝宝的上半身，但是因为整个后背以及颈部、头部都能得到支撑，宝宝不会太累，还能满足想坐的欲望。

我家宝宝 6 个月了，坐的时候会两边倒，该多坐还是少坐

让孩子通过依靠物体而坐立，其实没有什么积极作用，功效等同于拔苗助长。宝宝不能自行坐立，欠缺的并不是臀部的力量，所以单纯地维持"坐"这个姿势，是练不出来的。宝宝坐不稳，真正的原因是腰背肌肉力量的欠缺。而锻炼腰背肌，最好的方式就是让宝宝多趴、多爬。

那么，宝宝是如何学会坐的？

宝宝首先要学会自主翻身；然后随着全身肌肉的发展，学会腹部爬行；最后学会用四肢撑起身体。而在趴或者爬的过程中，当宝宝感觉到累的时候，或是需要解放双手去拿玩具的时候，就会翻身坐下来。

所以，"坐"这个运动看似独立，但绝不是简单地帮他摆好姿势，架好支撑物，在某个角落一蹲就能自动学会的。坐，是宝宝大运动发育的一个自然而然的结果。要想宝宝坐得好，首先在躺卧期就要鼓励宝宝多趴，以锻炼头部、颈部、肩部的肌肉，为今后直起

上半身，转为坐姿打基础。

宝宝不需要倚靠物也能坐了，但是坐不稳，怎样帮他

宝宝能坐稳需要两点：一是支撑住上半身"坐住"，二是保持平衡"坐稳"。前者靠的是肌肉，后者靠的就是平衡性。正如上一个问题所述，在肌肉锻炼这件事上，只能依靠宝宝自己的力量，但是如果你真的那么着急让宝宝坐稳，在平衡性这一点上，父母可以适当帮忙。当宝宝已经有足够的力量抬起上半身，而不需依靠其他物品靠坐的时候，就可以把他放在沙发角，练习身体平衡。很快他就能学会用两只手臂帮忙平衡上半身，呈"三足鼎立"的样子。再练习平衡性，妈妈可以拿一些鲜艳的小玩具，引导宝宝来够取；或是准备一个稳定性好的玩具架，让宝宝慢慢地学会把"三足鼎立"中的两只双手分离出来。在这之后可以增加难度，拿着玩具晃动让宝宝抓取，进一步让宝宝在运动中学会如何掌握平衡。坐稳的训练在开始阶段一般每次几分钟即可，到宝宝 6 个月时逐渐可以延长至15~20分钟。即便宝宝已经能坐得很稳，在他不需旁人帮忙自如地坐下、起来之前，也不宜坐得太久。

宝宝总是分开两腿跪坐，需不需要纠正坐姿

初期学坐的宝宝对坐姿没有什么要求，但是进入学步期之后，W型坐姿应当尽量避免。常常看到会坐的宝宝双膝很自然地向后弯曲，坐在地上看书或玩玩具。从宝宝头顶看，他的腿就像是字母W。但是，不建议会走路之后的宝宝继续长期保持这种坐姿。持

续的W型坐姿，容易导致不同程度的盆骨外扩，或是髋关节脱位。长期保持W型坐姿时，会导致大腿骨内转，并连带引起膝盖关节内转，最终导致双脚内撇，走路很容易"八字型"。

W型坐姿会让宝宝坐得很稳，但正是因为太稳了，就会减少和降低宝宝转动身体的机会和自由度。宝宝会习惯用左手拿左侧的东西，右手拿右侧的东西，但却无法锻炼手跨过身体中线拿对侧物品的能力。这项能力，是以后写字应具备的一项前提技能。W型坐姿使腿部的部分肌肉和肌腱都压缩在一个非常短的范围，时间长了，宝宝的关节发育就会受到影响。

推荐几种坐姿：

· 盘腿坐姿：双腿弯曲，交叉平放。

· V型坐姿：双腿打开，向前伸直。

· 并腿坐姿：双腿并齐，向前伸直。

宝宝的坐功熟练之后，建议多种姿势轮流变化，因为不同的坐姿锻炼的肌肉群侧重是不一样的。

宝宝在几个月之内学会坐算正常

大多数的宝宝会在6个月左右独坐，不用倚靠物就能够独立坐在床面并能平衡自己身体的晃动。但是早至4个月、晚至9个月，都属于正常范围。有的宝宝4个月就能够自己坐起来，而不依靠外部力量，就说明宝宝此时的身体已经具备独立坐起来的条件，所以不用担心脊柱负担过重或变形。即便是9个月之后的宝宝，如果平时趴得少，活动量不大，也算不上异常。如果宝宝在该独坐的月龄做不

到，就一定要鼓励孩子多趴、多趴、多趴！

常常看到一些专门训练宝宝学坐的方法，其实哪里需要什么训练，坐、站、走从来都不是学出来的，而是随着宝宝的一步步发育，水到渠成的结果，不需要人为控制和干预。反倒是过早地扶着孩子，帮他学坐、站、走，会对脊柱、下肢造成不必要的损伤。关于大运动的发展，妈妈们宁可静待花开，也别拔苗助长。

本文观点参考：《美国儿科学会育儿百科》《西尔斯亲密育儿百科》

宝宝还不会走路，是因为缺钙吗

关于宝宝学步的问题，妈妈们的咨询从来就没断过。宝宝的大运动发展，原则上我们都会推荐参照平均水平。大运动是孩子早晚都会掌握的一个技能，所有正常健康的孩子最后都能顺利地学会坐、爬、走、跑、跳。早3个月或晚2个月，真的不用太揪心。汇总几个有代表性的问题，看完这几个问题，妈妈们再着急也不迟。

我家孩子 13 个月了，一点学走路的迹象都没有，正常吗

一般来说，9~15个月开始学走都算正常，注意是开始学，不是走稳了，这个跨度还是蛮大的。如果宝宝1岁半还没有迈出一步，妈妈可以带孩子去看看医生。但即便如此，也不是说孩子就一定有问题，只是让医生排除一下身体上的因素。

孩子 1 岁了，老是站不稳，是因为缺钙吗

每天只要保证足够的奶量，保持补充维生素D，宝宝真的没有那么容易缺钙。

妈妈们担心的佝偻病、肋骨外翻、方颅其实都不是因为缺钙，而是因为维生素D摄入量不足。那孩子为什么看起来软软的站不稳？身体的软硬其实主要在于肌肉，骨骼都是一样硬的，而肌肉就来自平时的锻炼。有的孩子好动，肌肉锻炼得就比较硬实；有的孩子好静，所以看起来肌肉不足显得肥胖。这对走路早晚确实有一定的影响，但是只是影响早与晚，而不是影响会不会。

CC属于走路早的孩子，因为她好动，小肌肉很结实。CC有个小表妹，比CC小13天，好静。虽然CC确实比她早两个月学会走，但一点也不影响2岁之后俩人走得一样快、跳得一样高。初期走得早，不表示后期就走得快。所以，还有什么好急的？

宝宝站稳了，就是不敢迈步，用学步车能加快学步速度吗

现在没有一个权威机构再建议用学步车了，学步车会阻碍宝宝协调能力、反应能力、抗挫能力。而且如果长期使用不当，还有诸多危害，最有可能的就是造成罗圈腿。

那宝宝从站立到走稳到底需要多久呢？一般开始学走路6个月后，大部分宝宝已经能走得很好了。从站得稳到走得稳还是有一段路要走的，拔苗助长永远是下下策，尊重生命内在的规律和秩序才是上上策。站都站起来了，离走起来还远吗？

宝宝摔过一次，就不肯再走了怎么办

首先，妈妈们得知道，宝宝学习走路的过程，摔跤是难免的，甚至是再自然不过的。再如何怜惜宝宝，我们也代替不了他成长。

孩子正是在一次次摔倒再爬起的过程中，学会保持平衡、迈开脚步、控制速度的。而我们要做的，并不是防止他们摔倒，而是避免他们受伤。在宝宝的活动范围内铺上爬行垫，把茶几或是其他有棱角的物品移开，保证地面不要太滑，等等。

当宝宝真正摔倒的时候，不要大惊小怪，表现夸张。只要你不过分渲染，孩子就会觉得摔倒是一件正常的事情，摔了、疼过就完了，没什么大不了。反而是你惊天地泣鬼神的一声"哎哟"，可能会吓到宝宝。要让孩子的哭是因为疼，而不是因为怕。疼在身上，怕在心里。身体上的伤痛很快可以痊愈，但是心理上的阴影却不那么容易散去。当孩子明明已经有了迈步的能力，却因为各种原因（比如摔倒或被吓）对学走路有阴影，那就不要强迫他，同时弱化学走路这件事。

可以准备一些孩子喜欢的东西或食物，放在离他两三步远的位置。通过强调东西好玩或好吃引诱他，但不要提醒他走过去。他如果肯迈步走过去，也不要夸他肯走路了，或是走得好。等他发现了走路能带来的好处，自然而然就走起来了。

孩子走路内八、外八、踮脚尖，怎么办

大多数宝宝在学步期都会出现各种异常的姿势，并且还会变化。比如，1岁以内还是O型腿，2岁之后又变X型腿了。

事实上，大部分宝宝的膝内翻（O型腿）、膝外翻（X型腿）和踮脚走路都只是正常的生理现象。随着孩子的长大，这些"异常"都能慢慢消失。一般2岁之后O型腿或踮脚尖走路的情况会消失，X

型腿也会在孩子5~7岁得到改善，大部分孩子的腿在10岁的时候才会变直。但是，如果发现孩子腿部弯曲恶化或更加严重，身高也比同龄人低很多，就需要考虑就医。

初学走路，学步鞋软底好还是硬底好

对于学步的孩子，没什么比光着脚丫更好了。对于初学走路的宝宝，光脚能让脚趾更好地抓住地面，不仅不易滑倒，还有助于宝宝学习掌握平衡，让他学得更快、走得更稳。光脚可以让脚部神经直接感受到来自地面的压力，更好地感知地面高低变化。如果学步期穿鞋，这些感觉就会受到鞋的阻隔，宝宝就需要通过低头看地面来判断，时间久了就会低头走路。光脚时，小脚不用受到鞋子的束缚，脚形可以自然生成，光脚更能锻炼足底肌肉和韧带，促进足弓的形成，有利于缓冲走、跳时引起的震荡，预防宝宝扁平足和脚内翻、外翻等，这比穿任何所谓机能鞋都有用。

如果天气凉，可以让宝宝在爬行垫上光脚，也可以给宝宝穿上一双防滑的袜子。很多家长在宝宝学走路初期，就迫不及待地给孩子穿上学步鞋。可是大部分人都误会了学步鞋，学步鞋并不能帮助学走路，只是保护宝宝的脚在外不受伤害。

正在学走路的宝宝，如果家里地板太凉不想光脚，可以选择给宝宝穿软底软面的学步鞋，多软呢？

把学步鞋放在地板上，隔着鞋垫去摸地板，如果手指能够感觉到地面就可以。这样宝宝的脚趾才能够抓地，才能顺利感知地面，才能促进足底神经发育，才能站稳，才能稳定地学走步。已经能走稳的宝宝，就可以选择稍硬的儿童鞋了。底厚5~10毫米比较合适，同时注意以下四个方面。

①对折鞋子，弯曲的位置要在鞋底前掌三分之一处，保证鞋底的曲挠线跟宝宝脚的曲挠线相吻合，才能引导孩子正确地行走。

②捏捏前部包头和后跟部位，都要有足够的硬度，避免外伤，保护踝关节。

③扭扭鞋身，正常的鞋子要有足够的稳定性，如果太容易变形，容易扭伤或养成不好的行走习惯。

④鞋垫的前掌部位不能太软，太软会影响宝宝足底神经感应。

说了这么多，不知道有没有缓解一点点妈妈们的焦虑，我觉得大运动发展不应该设平均线，而是应该设最低限。问题是孩子的发育确实差异非常大，即便某项水平真的跌破了平均线，通常也不是什么大问题。比如，当年CC翻身就跌出最低线几条街，我们除了做一切应该做的引导，真的就只能静待花开了。所以，淡定吧，妈妈们！当宝宝真会走路了，看管起来更闹心，珍惜每一个现在吧！

本文观点参考：《美国儿科学会育儿百科》《一双好鞋》

开发大脑潜能，从出生就该训练的精细动作

很多妈妈都非常在意孩子什么时候会走路，什么时候会开口背诗，却很少有妈妈关注宝宝的小手又会做什么了。

细观教育界，无论是早教班还是幼儿园，都努力号称自己针对大运动和精细运动分别设置了哪些课程。精细动作之所以备受推崇，是因为手是认识事物特征的重要器官，手部的动作在婴儿心智教育中非常重要。从开发宝宝的大脑潜能来说，根据宝宝的发育水平，从出生就训练他双手的精细动作，意义更为重大。精细动作的训练并不复杂，妈妈们平时在家就能做精细训练。

精细动作为什么重要

1.促进大脑的发育

现代医学研究证实，人体内的各个器官和每一块肌肉都在大脑皮层中有着相应的"代表区"。而手指的运动中枢在大脑皮层中又占据了较为广泛的区域，这些区域的神经中枢都是由神经细胞群组成。当一个人的双手进行精细、灵巧的动作时，能够激发这些细胞群的活力，使动作和思维的活动保持有机的联系后相互对应。因此，手的动作越复杂，就越能积极地促进大脑的思维发展。简单来说，就是精细动作能力高低会影响宝宝的大脑发育，进而对智力有所影响。苏联著名教育家苏霍姆林斯基曾说过："儿童的智力发展体现在手指尖上。"

2.提高宝宝的专注力

对于好动的宝宝来说，户外疯玩小半天都不是问题，让他们安静下来开始某一项静态游戏却非常困难。但是如果宝宝常常做精细运动训练，专注力的问题就能有所改善。心理学研究表明，动手操作比听和看更能迅速调动起注意力，并很快就能达到智力活动的兴奋状态。

3.增强信心、锻炼坚毅品质

用自己的双手改变眼前的事物，对宝宝来说是一件非常神奇的事情。通过自己越来越灵活的手指，随心所欲地摆弄各种物品，能主动地学习和参与各种活动，宝宝会对自己的聪明才智产生足够的信心。而在一次次的自我创造中，坚持到底的意志品格也会在无形中得到锻炼。这也是为什么一旦宝宝迷恋上某本书或玩具，能达到废寝忘食的地步。

精细运动该如何发展

其实，说起来很简单，就是创造各种条件，让宝宝在不同的生长发育阶段，充分地去抓、握、拍、打、敲、叩、击打、挖、画……

1.1月龄

新生儿有抓握反射，当我们把食指放进他的手心，宝宝会很自

然地握住，这是一种无意识的反射行为。这个阶段，宝宝大部分时候都是大拇指内扣的握拳动作。精细运动训练的第一步就是让手掌打开，拇指不内扣。

妈妈们要怎么做？

①抚触按摩：多给宝宝做抚触，按摩他的小手，从手心、手背到五个手指头，妈妈用拇指、食指和中指捏住宝宝的手指，从指根按摩到指尖，按摩会让手指触觉更敏感。

②尽量不给宝宝戴手套（在保证修剪指甲的情况下），让他自由地挥拳、探索、感受。

2.2~3月龄

差不多2个月大的时候，宝宝才会意识到自己有一双手。他可能会盯着自己的小手看，用一只手去抓另一只手，有时还能把它们放进嘴里吸吮。这个阶段宝宝的小手掌大部分时间都是半张开的，而不再像以前那样呈握拳状。当看到某个感兴趣的玩具时，开始有意识地主动抓、摸、拍打。这个时期，宝宝的抓握还没有目的性，整个手都是弯曲的，什么东西都是一把抓，拇指与其他四个指头的弯曲方向一致，而不是"相对而抓"。

妈妈们要怎么做？

①触觉练习：让宝宝抓握不同质地的玩具，毛绒的、金属的、塑料的、硅胶的……手掌上分布着非常丰富的神经元，通过触摸不同的材质，可以让手掌变得更敏感，进而促进精细运动发展。

②引导他观察自己的小手，帮他双手相触，让一只手去感觉另一只手，这种感觉对于宝宝来说非常美妙。

　　③抓握练习：拨浪鼓、摇铃是很适合这个阶段的玩具。在宝宝清醒状态下，用摇铃触碰他的指关节，等他把双手张开的时候，把摇铃放在他手掌上，让宝宝练习抓握、摇晃，开始他可能只能抓两三秒，但时间会越来越长。在宝宝看得见的地方悬吊色彩鲜艳的带响玩具，扶着他的手去够取、抓握、拍打。抓握球非常适合帮助小月龄宝宝把手掌张开。手掌张开是所有精细动作的前提。

　　3.4~6月龄

　　这是宝宝发展精细动作的关键月份，因为宝宝开始有意识地主动去抓他喜欢的玩具，抓握时更具方向感，能在眼睛的指引下主动张开小手来抓住物体。不过这个阶段，大部分宝宝还无法很灵活地运用手指，对于想要的物品依然会采取五指并用一把抓的形式。

　　妈妈们要怎么做？

　　①准备一些悬吊玩具：够取眼前晃动的玩具，是一个颇有难度的系列动作，先用手摸，玩具跑了，再伸手，又晃回来了，经过多次努力才能"逮住"时，甭提宝宝会多高兴了。这对手眼协调的训练和宝宝的信心提升作用不言而喻。

　　②做一些推、捡训练：推和捡这两个动作，需要拇指和四指的用力方向相对，能帮助宝宝把食指和拇指分开，做到真正的抓握。积木是非常适合这个阶段的玩具，布积木、软积木都是比较好的选择，适合抓握、推捡，还不会伤到宝宝。

　　③引导够取小物体：抓握的物体要从大到小，由近到远，让宝宝练习从满手抓到拇指和食指抓取。

　　④玩具换手练习：5个月左右，宝宝就能一手抓一个玩具了。试

着先递给宝宝一个玩具，等他用一只手拿住的时候，再递给他另一个，鼓励他用另一只手接。6个月之后，可以鼓励宝宝把玩具从左手换到右手，进行换手训练。

⑤撕纸练习：发展较快的宝宝，可以教他撕纸。拿一些用过的纸，让宝宝去撕扯，撕得越碎越好，因为撕得越碎，对手指技巧的要求就越高，说明他两手的拇指和食指之间的对捏力越强。

4.7~9月龄

这段时期，宝宝已经可以很熟练地拿玩具玩。已经拥有了预期自己行为的能力，学会了如何解决问题，"我想要那个好东西，怎样才能得到它"。

敲、摇、扔玩具都是每天必上演的戏码。这个阶段的精细动作又会上一个台阶，宝宝开始会使用拇指和食指把东西捏起来，这是人类才具有的高难度动作，标志着大脑的发展水平。

妈妈们要怎么做？

①训练食指：这个时候一些指拨玩具可以让宝宝的食指发挥最大的功能，比如拨转盘、翻洞洞书、戳（抠）洞洞。

②嘴巴决定脑袋：美食永远是最大的诱惑，这个月龄的宝宝一般都平稳地进入了辅食添加期。可以准备一些面包片、香蕉块等大小、软硬都适中的食物，让宝宝自己用手抓着吃，开始我们给CC提供的是条状食物，练习拇指和四指抓握。这个难不住她之后，就开始提供泡芙等颗粒状食物，练习食指和拇指的抓捏。

③指令练习：进入9个月之后，宝宝可以听懂简单的指令，这个时候可以练习"拿起和放下"。家长示范，拿起某个玩具，放下

某个玩具。还可以鼓励宝宝双手拿两个积木对敲，这样能促进手、眼、耳、脑感知觉能力的发展和精细动作的准确性。

5.10~12月龄

这个阶段的宝宝用手指捏取物品时，拇指和食指的配合已经相当熟练了，能把很小的颗粒物准确地捏起来，比如绿豆。想要拿取其他物品时，会主动放弃手里现有的东西，还能有意识地将手里的物品放到桌子上。

妈妈们要怎么做？

①在"拿起和放下"的基础上还可以练习"放进和拿出"：把积木放进箱子；在玩具筐里挑出"小狗"。不仅能练习精细动作，还能顺带把认知工作给做了。

②让宝宝练习翻书：让宝宝学习开、合、翻书，选择一些纸板书、字少图大的趣味性绘本，培养宝宝的专注力和阅读能力。

③发挥玩具的作用：积木，接长龙或是叠高高；套圈，把大小、颜色不一的套圈放进去；套碗，让宝宝模仿大人一组一组套，或是拿一个带盖子的塑料杯，让宝宝学习用大拇指与食指做将杯盖掀起再盖上的练习，可以促进宝宝的空间知觉的发展；和其他小朋友一起接（扔）球……

④培养宝宝独立生活能力：自己用勺子吃饭、用水杯喝水、打开罐子盖拿零食等日常需要的自理能力。

6.1岁~1岁半

通过一年的成长，宝宝已经从简单的理解一件东西是什么，渐渐发展到明白这件东西有什么用处。这一时期的宝宝不仅认知能力

迅速增强，小手的精细动作能力也处在快速发展的时期。除了继续1岁之前的日常训练，1岁之后宝宝的小手更灵活了，手眼协调能力更强了，可以玩的游戏也明显有趣了许多。为了促进左右脑的均衡发展，最好让宝宝的左右手都能得到充分活动。

①穿珠：开始从比较大的开始，熟练之后再慢慢增加难度，穿扣子、穿珠子。

②开拉门：这个阶段的宝宝会喜欢拧开门把手，推开门，或者拉开横闩和扣吊，打开柜门，有些宝宝还会将钥匙插入锁眼，学着转动开锁。尽管这种行为让妈妈们很头大，但是这一推一拉、一转一拧间，却把小手的每个关节都活动到了，在保证安全的情况下，不妨放手让宝宝多探索吧。

③捡碎纸片：1岁前学习撕纸，1岁后就准备学习捡回来。宝宝会开始喜欢发现细微的东西，并把它们捡起来，可以多选几种颜色的纸，撕碎在地上，然后让宝宝捡回来。如果在户外，同样的还有捡石子、捡树叶，甚至捡垃圾。妈妈们最好不要阻止，因为这不仅可以锻炼手指的力量，还有利于提高宝宝的注意力。只要记得捡完洗手就好了！

④涂鸦：每个1岁之后的宝宝，都应该有一支画笔，宝宝能够认识到自己的动作和所画图形之间的因果关系了，这是教孩子涂鸦很重要的时期。父母可以和宝宝一起画，引导他画横线和竖线，也可以给宝宝笔和纸，让他随心所欲地想画什么就画什么，还可以玩一些手指画。

⑤摆积木：这个阶段的叠高或是接龙，与1岁之前相比，会显得

更有目的性，叠得也会更"好看"。一般可以用3~4块积木"搭高楼"，或排5~6块"接火车"。大人不在时宝宝能自己玩1~2分钟。

⑥形状配对：给宝宝准备一个有不同形状小孔的镶嵌盒，引导宝宝将形状相对应的零件塞进镶嵌盒里。开始会有点难度，但在配对和转动方向的过程中，可以让宝宝在活动小手的同时，认识不同的形状。

⑦使用叉子：给宝宝准备一把塑料质地的叉子，让宝宝自己用叉子将水果块叉起来吃。这不仅能够锻炼宝宝的手部力量，提高手腕的灵活性，而且对提高宝宝的注意力也很有益处。

7.1岁半~2岁

现在宝宝基本上属于动手小达人了，很多需要动手的小游戏都玩得非常熟练，可以在之前的基础上增加一些难度。

①画画：这个阶段，宝宝控制画笔的能力会变得更强，能准确有力地画出横平线、竖直线、曲线，以及不太规则的圆形。这个时候宝宝的画已经有思想了，如果宝宝已经会说，还可以让他讲一讲画的是什么。不管宝宝画得像不像，你都要鼓励他。画画不仅可以刺激视觉，提高手眼协调能力，还能促进宝宝手部肌肉发育。

②玩沙：用玩具小铲将沙子装进小桶内，或者用小碗将沙子盛满倒扣过来做"馒头"。玩沙是促进皮肤触觉统合能力发展的重要方法之一。

③玩橡皮泥：这个阶段的宝宝，小手可以将橡皮泥随意揉、捏、挤、压。准备一款安全环保的橡皮泥玩具，让宝宝尽情发挥。同理，还可以让宝宝揉面团，准备一些面粉、水和盆，和孩子一起在

盆中揉面，面揉好后，可以往里面加一些安全的颜色添加剂，让他随意揉捏，不限制他的想象力。

④倒米和倒水：准备两只碗，其中一只放1/3碗大米或黄豆，让孩子从一只碗倒进另一只碗内，练习至完全不撒出来为止。米和豆子可以控制好之后，就可以升级为倒水了。这个小游戏几乎每个宝宝都爱玩，在不知不觉中就训练了手部肌肉群。

⑤切切乐：老实说，我从没给CC买过切切乐的玩具。过生日时，蛋糕盒里的塑料刀留下来，要厚一点的那种，这样即便切到手也不会很疼。开始给宝宝准备一些好切的水果，比如香蕉、草莓、火龙果……一只手按住，另一只手做切的动作，可以训练两手同时做不一样动作的能力。人的两只手天生是愿意做一样动作的，比如你很难左手画方、右手画圆，但是通过训练就可以做到，而这种训练非常适合开发左右脑。

⑥套叠玩具：套碗、套塔、套桶等，1岁之前玩的是"打开与对合"，而1岁之后孩子通过用手操作，按大小顺序将3~4个套桶，每一个都正确配对，并层层套入，眼看实物一个比一个大，渐渐认识了物体的大小，获得空间感知能力，而且这个游戏非常锻炼手的动作协调能力。

⑦拼图：拼图是一种很好的手部精细动作能力的训练，也是配对的升级。拼图能锻炼孩子从局部推及整体的能力，又可练习手的敏捷、准确能力。

⑧定形撕纸：用针把纸扎出一定形状，按照针孔撕纸，使之出现圆形、三角形、正方形、长方形，让宝宝学做。

8.2~3岁

这时宝宝的手腕和手指都已经比较灵活了，可以开始学习系扣子、用筷子、用剪刀等精细的手部动作。这个阶段，妈妈最需要做的就是放手，让孩子自己去干。生活中有很多锻炼的机会，让孩子帮忙开门，锻炼独自吃饭，在不着急的情况下，让他自己完成穿衣服的某些程序，比如脱、穿、拉拉锁、按上或打开粘扣等。

①用筷子吃饭：这个阶段需要锻炼的一个技能，就是学习使用筷子。给宝宝准备一双训练筷，至于姿势，C妈感觉不是最重要的，开始只要能送进嘴里就好。先让宝宝夹一些大块的食物，等熟练之后可以夹枣、花生，以锻炼宝宝手指的操纵能力和控制力。

②自己穿衣：像穿脱裤子、袜子，开衫的上衣，通过慢慢锻炼，一般宝宝都可以做到。这也是为马上要到来的幼儿园生活做准备，所以这些忙，妈妈们千万不能再帮，平时多训练，等上幼儿园时就不用临时抱佛脚。

③空间感玩具：这个时候宝宝喜用积木或磁力片搭一些具有空间感的物体。比如小桥、房子、冰激凌等，还会在这基础上发挥自己的想象力，如过家家。

④有控制地画画：画画的能力明显更上一层楼，对画笔的控制力也更强，会自己创作作品了。也可以引入一些描画和填色，进一步发展宝宝手脑协调的能力。你会发现这个阶段的涂色跟之前相比，明显有了边界感（虽然还是出界）。

⑤折纸：这个阶段的宝宝能将纸折叠成正方形、三角形等。准备一些花花绿绿的纸，和宝宝一起玩折纸的游戏。折纸时发出的微

小的声音，可以刺激宝宝的听觉。教宝宝向不同的方向折纸2次或3次。折纸动作可以锻炼宝宝的抓握能力和双手配合动作以及眼手协调能力，但是注意纸不要过大或过小，开始15cm比较好，也就是A4纸分两半，裁成正方形大小。

⑥用剪刀剪纸：准备剪纸专用的安全剪刀，先让宝宝学会打开与关合剪刀的动作，然后帮助他剪纸。纸先用来作画，画完可以折纸，折腻了还能剪纸，剪完了还能扔地上，让宝宝一点点捡起来。所以，谁说带娃难熬了，几张纸片小半天的时间就打发了。

精细运动也如同盖房子，前期基础打得好，后面的发展才不会差。所以尽管是分月龄介绍，但是如果发现宝宝有错失或跳过的部分，还是建议补上。

相信看到这里，妈妈们都已经明白了，精细运动的发展其实并不神秘，它就藏在陪伴宝宝点点滴滴的日常里。它甚至很简单，不需要多么专业的辅助工具和玩具，文中提到的很多小道具，完全也可以用生活中的用品来代替，只需要我们多花一点点心思。高质量的陪伴绝不是简单的陪着，而是陪他嬉戏玩耍并享受其中。相信每个孩子都有自己的发展轨迹，尊重生命内在的秩序，我们只要施肥灌溉，剩下的就是静待花开。

运动居然可以改造大脑

松田道熊在其著名的《育儿百科》中贯穿始终的思想有两条：一条是尊重孩子，尊重他身体发展的规律，尊重他天然的喜好，尊重他作为独立人的存在；另一条，就是要养一个健壮的孩子，每天至少要带孩子去户外运动，你可以不给他做好吃的，也要去户外，时间能长则长。

运动对孩子来说到底有多重要

1.给孩子一个好身体

这个想必不需要多解释，适当运动可以强化心脏，强化肌肉，增加机体的柔韧性，锻炼孩子身体的协调性和应变能力。另外，丰富的生长激素也是刺激孩子长高的要素。生长激素一个是睡觉的时候很高，另一个就是运动的时候会明显增高。

2.给孩子一个好大脑

哈佛医学院教授瑞迪在其论著《运动改造大脑》一书中，首度公开革命性的大脑研究。通过美国体育改革计划、真实的案例与亲

身经历、上百项科学研究证实：运动不只能锻炼肌肉，还能锻炼大脑，改造心智与智商，让孩子更聪明、更快乐、更幸福！

孩子在运动时会产生多巴胺、去甲肾上腺素和血清素，这三种神经传导物质都和学习有关。多巴胺能够传递"快乐与兴奋"的信号，促使注意力集中，有助于提高孩子的记忆力。去甲肾上腺素的分泌，能够让人精神高度集中，从而增强孩子的专注力。尤其是对于小孩子来说，他们是通过运动和感觉来认识环境，通过肢体的探索来了解世界。血液循环顺畅，更有利于智力的发挥。

3.给孩子一个好性格

多进行户外运动，对孩子的身心发展和性格养成也有非常重要的作用。户外活动看似是简单的玩耍，实际却是孩子克服一个个困难的过程。球怎么样才能踢准？走哪样的路才能少摔跤？这在起初都不是容易的事，但当宝宝克服困难完成了某项运动，就会得到前所未有的成就感。心理研究早已表明，这类直接而强烈的成功体验，会对孩子产生极大的鼓舞和激励作用，极大地提升孩子的成就感和自信心。

另外，户外活动多的孩子，一般都比较阳光开朗，情商比较高，有更多交到朋友的机会，也更容易交到朋友。这非常锻炼孩子的人际交往能力，可以为今后入园和其他小朋友友好相处打下基础。

4.给孩子一个健康的心理

与大自然失去联系的孩子，心中的压力不会得到释放，长时间不到户外运动，慢慢地就会出现心理、身体和行为上的障碍。比如，有的孩子注意力不集中，患多动症、近视、肥胖症，具有攻击性、抑郁、烦躁不安、焦虑、强迫性举动等问题。如果能够让孩子更多地接触大自然，就不会缺乏自我认同，不会精力无处发泄，以上症状都会在大自然中得到缓解和改善。如果能让孩子尽早接触大自然，一些症状甚至都不会出现。

5.给孩子一个好胃口

格拉斯哥大学的生理学家约翰·梅里调查显示，以前一个3岁大的幼儿吃得要比现在的孩子多25%。如今，我们的生活越来越好，孩子却吃得越来越少。只有一个原因可以解释这个问题，就是运动量太小了。

为什么有那么多吃饭难、需要喂的孩子？中国家长对孩子的爱，尤其体现在吃饭上。但是，为吃饭发愁前不妨想想，"洪荒之力"不释放出去，能量得不到消耗，孩子又怎么吃得下去？让不爱吃饭的娃爱上吃饭最简单的方法就是：拉出去遛！

6.给孩子一个好睡眠

适量的运动还非常有助于睡眠，这一点作为大人的我们应该感受深切，但是注意不要过量，如果宝宝玩得太累，过犹不及，晚上一样不能睡好。

不同年龄的孩子怎么运动

1.1岁以前，接触自然就是最好的运动

1岁以内的新生儿虽然还不能独立活动，但户外活动对他们来说一样重要。这时的他们处于人生的第一个生长高峰期，视觉、听觉、嗅觉、触觉等迅速发展，这个阶段的孩子户外运动要以各种感

觉器官的刺激为主。可以带他们去听大自然中的声音、触摸各类物品、观察不同的形状和颜色、注意运动的物体等。

2.1岁之后捡树叶、玩沙子、上下台阶

1岁之后宝宝可以很好地控制自己的身体，开始喜欢自己探索世界。捡树叶、捡树枝、玩石头、玩沙子都是他们喜欢的，还可以顺便练习精细动作、手眼配合。上下台阶、跑、跳也是这个年龄的孩子喜欢的运动，不过此阶段宝宝身体协调性还没有发育好，经常会跌跌撞撞，尽量选择比较安全的区域，做好保护措施，再放手让他们玩耍就好。

3.2岁之后各种运动以及社交培养

2岁后，孩子身体的各个系统基本协调，奔跑、跳跃基本都没有问题。扭扭车、平衡车、滑板车，只要给他机会，完全不用担心他们释放"洪荒之力"的方式。此外，这个阶段孩子的情商开始迅速发展，他们对于外界和陌生人表现出更大的兴趣。这个年龄的儿童非常不愿独处，喜欢与小伙伴一起玩，可以帮他们设计捉迷藏、踢球等集体户外项目，让他们在运动中学会合作与分享等意识。

4.适量运动小贴士

如果运动后孩子感觉心情舒畅、精神愉快，虽然有轻度的疲劳，但没有气喘吁吁、呼吸急促等不良感觉，就说明运动量比较合适。运动时家长可以经常摸摸孩子的后颈，如果发现孩子微微出汗了，就应该稍作休息或减轻运动量。

本文观点参考：《育儿百科》《运动改造大脑》《美国儿科学会育儿百科》

微量元素到底要不要查

我家孩子特别瘦小，是不是缺什么微量元素啊？

宝宝头发又黄又稀，还不爱吃饭，我怀疑她是不是缺锌？

孩子睡觉总出汗，夜里也睡不好，会不会是因为缺钙？有人建议我们查微量元素，有必要吗？

国家卫健委2013年就规范了微量元素检测，在《关于规范儿童微量元素临床检测的通知》中明确指出：根据儿童的临床症状，可以开展有针对性的微量元素检测，但要规范取血技术流程、仪器设备。非诊断治疗需要，各级各类医疗机构不得针对儿童开展微量元素检测。不宜将微量元素检测作为体检等普查项目，尤其是对6个月以下婴儿。但隔三岔五就会有妈妈来问到底要不要检查，或者直接发微量元素的检测结果给我看，所以，我还是觉得应该解释一下这个问题。

什么是微量元素

简单来说，宝宝的生长发育主要依赖蛋白质、碳水化合物、脂

肪这三大主要营养元素。除此之外，也有一些占比很小（占人体总重量的万分之一以下）的微量元素，比如人体必需的铁、锌、铜、碘、硒、钼等；具有潜在的毒性，但在低剂量时可能具有人体必需的氟、铅、汞、砷、铝、锡等，就不一一罗列了。值得一提的是，钙不算微量元素，但是经常也被当成需要检测的元素。

当某些微量元素的含量异常时，便会引发疾病：缺铁会导致贫血；缺锌会影响食欲；铅过量会引起铅中毒；氟过量会引起氟斑牙；等等。

微量元素一般如何检测

微量元素检测常见的取样标本主要是头发和血液（指尖血和静脉血）。其中，比较准确的只有静脉采血。采指尖血痛苦较小，但如果扎得比较浅，采样人员会挤一下，这很容易让组织液或外界元素混入血液，造成结果偏低或样本污染。而以头发为标本，个人的清洁程度、个体的发育程度、环境污染，甚至洗发用品都会影响检测结果，但这种方式却受到保健品或营养品销售机构大力追捧。下次再碰到育婴店店员随便给你家孩子剪根头发或让孩子握下检测棒，就能判断出孩子需要补充钙、铁、锌，还是赶紧走开吧。

为什么微量元素没必要查

因为查了也没有多大意义。

首先，血液中微量元素的含量不能代表体内该元素的含量。即使是前面说到的静脉采血获得的微量元素值，也只是血液水平，不代表体内该微量元素的总量及整体情况。

微量元素在人体内不是均匀分布的，有的元素在血液中含量很少。比如，身体中的钙99%沉着于骨骼和牙齿中，剩余的1%存在于软组织、细胞外液和血液中，血清钙水平不代表骨骼内钙质水平。比如，60%的锌储存在肌肉中，30%储存在骨骼中，血液中含量很少，不到总锌量的0.5%。通过验血判断全身锌元素的营养状况同样是不准确的。

其次，检测结果只代表宝宝近期体内微量元素的情况。比如，最近海产品吃得多，也许碘的含量就会增高；最近比较偏食，可能某一项微量元素的含量就会比较低。所以，即便检测报告单上出现异常，也不代表就一定有问题！微量元素的检测结果异常，不能作为体内微量元素缺乏临床诊断的唯一标准，也不能仅因此就给予补剂治疗，它只能作为医生的参考之一（血铅除外，如果铅含量提示铅中毒，一定要去专业门诊检测）。

所以就算孩子检测出缺某项微量元素，临床上也不可能仅凭这一纸报告作出诊断，你只能自己纠结到底要不要补一补，这不是给自己找别扭吗？

医生如何判断宝宝是否缺微量元素

目前，国际上对于微量元素的检测结果并没有明确统一的标准，并不能说某个数值就一定有问题或者正常。在临床上，如果医生需要确诊某个元素是否异常，不会只看单一的检测结果，还会结合一些间接的指标，并结合其他临床症状来判断。

例如，判断孩子是否缺钙，会结合体内维生素 D 的含量、饮食习惯和饮食结构、生长曲线等综合考量；判断孩子是否缺锌，除了参考血清（浆）锌数据，还要根据宝宝的饮食、是否有其他生病状况，以及结合补锌以后血液中锌元素的变化幅度来判断；判断孩子是否缺铁，会参考血色素水平和血清铁蛋白的含量等，判断是否是缺铁性贫血。

什么样的宝宝需要做微量元素检查

卫健委的《通知》写得很明确：根据儿童的临床症状，可以开展有针对性的微量元素检测。只有极个别真正存在吸收、利用障碍的宝宝，如早产儿、先天性遗传病患儿，或者存在不明原因的慢性腹泻、反复呼吸道感染、发育迟缓、严重偏食、挑食等症状时，经专业儿科医生评估后，才有可能需要进行微量元素检测。即使在这种情况下，化验结果也只是作为辅助参考，仍然需要儿科医生结合临床情况综合评估和正规治疗，至于是否需要进补、补多少，则应该由医生来决定。

即便没病，补来强身也不行吗

其实大多数人对营养品的态度都是：有病治病，无病强身。千万不要想依靠某种补剂来维持或促进孩子的生长发育，营养均衡才是最重要的。不管是哪种营养元素，都不是越多越好，如果某一种元素过多，则会对其他元素造成影响。比如，锌补多了会影响铁的吸收，钙补得过多会影响锌、铁的吸收。盲目使用补剂只会造成孩子的消化功能紊乱。而营养成分最好的来源就是食物，给孩子提供营养均衡的食材才是最好的保健品。所以别总琢磨着孩子缺啥了，如果真的有所怀疑，也别被街边育婴店或私人小诊所忽悠了，去正规医院找正规医生，做正规检查和正规治疗。

记得有位朋友的孩子上幼儿园时，必须去园方指定的机构做体检。在那里，医生给孩子开抽血单的时候都会询问家长："孩子做不做微量元素检测？"说服家长的理由是，反正也是抽一次血，这次怎么也是顺便，不然等你想查的时候，孩子还得白挨一针。大部分家长都交费了，毕竟，听上去好像有那么点道理，而且也不贵，几十块钱。朋友打电话问C爸："有必要吗？不是不要随便查微量元素吗？"电话里C爸只回了一句："问问给你开单子的医生，从哪看出你家宝宝有微量元素异常的临床症状了？"（当然，我朋友才不会使用这么没礼貌的语气。）果然，对方回答："当然，这个是自愿的，可以不查。"所以，当下次有人随随便便给你开微量元素检测单子的时候，不妨也这样问上一句。如果有诊断需求，我们不要盲目拒绝，但若没有，我们有权拒绝任何无临床症状的微量元素常规检测！

宝宝骨密度检测低需要补钙吗

平时常有妈妈留言说带几个月大的宝宝去检测骨密度，结果显示严重缺钙，问需不需要补。通常问完必要的临床症状，我都会回复："单凭骨密度检测不能作为判断宝宝缺钙的依据，这么小的宝宝一般也不需要做骨密度检测。"

什么是骨密度检测

骨密度是骨质量的一个重要标志，反映骨质疏松程度。简单来说，就是单位骨骼"面积"内骨矿物质的含量。低了就说明体内钙含量没到平均值，对于整日怕孩子缺钙的妈妈来说，这听上去简直是判断孩子缺不缺钙的黄金标准，毕竟医学检查结果是骗不了人的！

但事实上的骨密度检测，主要是针对老年人或有明显骨骼病症的人做的。骨质疏松症是一种全身性骨骼疾病，骨组织的结构恶化，随之而来的是骨脆和易断裂。这是发达国家老年人发病率和死亡率日益增加的一个主要原因，为了提前预防，才推出了这种检测。但如果没有特殊的诊断需求，正常的宝宝是不需要做这项检测的。

为什么正常的宝宝不需要检测

大部分宝宝做检测的目的是判断缺不缺钙，而大部分孩子测出来的骨密度值都是偏低的。因为目前骨密度的检测标准只是针对成人的，是根据成人的骨头大小、身材体态计算的，国际上没有针对婴幼儿的骨密度标准值。宝宝的骨头尚未长成，身材也很矮小，另外长身体期间骨骼基本上都处于钙化不全的状态，骨头中的矿物质含量也比成年人低，这些因素都会影响检测结果。所以，即便做了，检测结果也不能作为判断孩子缺不缺钙的唯一标准。对中老年人群，骨密度偏低提示应增加钙质摄入；但对于婴幼儿，骨密度偏低反而意味着宝宝处于快速生长阶段，身体还需要吸收更多的钙质沉着。需要钙不等于需要补钙，身体发育需要钙只是一种正常的生理现象，它不是病，不需要补钙治疗，补钙过多反而会增加肾脏等器官的负担。

骨密度检测完全不适用于孩子吗

那些气势汹汹、言之凿凿，常见句式为"骨密度检测对儿童毫无意义""微量元素没有任何必要"等一竿子打死所有的言论，大多都是博眼球，听听便罢。

其实，医学上从来没有"绝对"，这些检查对于真正的病患来说都是有参考价值的，只不过我们大部分的孩子不是病患，没必要而已。临床上，骨密度检测确实是一种有效的辅助检查，可以监测孩子的骨健康。

什么样的孩子需要做呢？也给大家简单列举几个。适用于骨密度检测的临床适应证如下：

· 成骨不全症，也叫脆骨病，轻微的碰撞也会造成严重的骨折。

· 慢性炎症性疾病，比如慢性肝病、幼年特发性关节炎、系统性红斑狼疮，等等。

· 复发性低创伤性骨折。

· 全身性长期使用糖皮质激素患者。

· 原发性或继发性性腺功能减退。

· X光片上明显的骨质疏松。

· 其他背部疼痛、脊柱畸形、身高降低、活动能力下降、营养不良等症状。

看完相信大家更明白了，很明显大部分正常的孩子，都是不需要这项检查的。而骨密度检测，也绝不是有病判断疾病，没病图个安心的随意检查。它是一项放射检查，不建议没有风险因素的人过早、过多地检测骨密度。白花钱是小事，还会让宝宝接受不必要的致癌辐射。

你说给孩子检测的设备完全没辐射，而是某类超声波骨密度测试仪？这么说吧，这比关于微量元素检测一节里写过的"让孩子握下检测棒，就能判断出孩子缺钙或铁锌"强不到哪去，连基本的准确率都保证不了！所以别再随便被忽悠，也告诉你身边的人，至少别主动带孩子往坑里跳了！

本文观点参考：《儿童骨密度测定实用指南》《美国儿科学会育儿百科》

生长痛，半夜被疼醒的宝宝正在经历什么

某个深夜，睡着的CC突然号起来喊腿疼，我的第一反应就是她被什么东西蜇到了，我检查床褥没发现任何可疑生物，疼痛的位置也没有明显的红肿。不明原因的我只好瞎琢磨，又想到白天她跟小朋友追着玩的时候确实摔了一跤，当时哭了几声就接着去玩了，难道当时忙着玩掩盖了病情？但轻轻摸，没有肿胀，也没见淤青。CC哭得声嘶力竭，一副生无可恋要死要活状，边闭着眼睛哭，边说"妈妈给我揉揉"。我哪敢用力揉，我知道如果是骨头的原因，越揉越糟。我一边给C爸打电话，一边给CC穿衣服，并安慰她："没事，没事，去医院找爸爸就好了。"结果，车刚开出小区，后座的哭声就渐渐变小了。我问："还能再坚持坚持吗？""不疼了，妈妈我好困啊，我们回家睡觉吧。"她说。我从后视镜看过去，只见CC几乎就要睡着了。看她确实没事，我想着半夜实在折腾，真有问题，明天一早去骨科看也来得及，就掉头回家了。

结果第二天一问，人家跟没事人一样，玩耍照常，而且接下来一整天都没喊过疼。第二天C爸咨询骨科的同事，问有没有必要做进

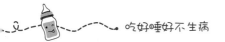

一步的检查。听完描述，医生说不用，99%可以判断为生长痛，建议继续观察看看：

· 是不是突发性疼痛；

· 是不是每次持续时间都不长；

· 是不是大部分出现在夜间，不影响日间的活动。

果然，没隔几天，半夜她又喊腿疼，这次我们淡定了许多，按医生嘱咐的办法，一会儿她便睡了过去。后来又出现几次，直到现在，偶尔半夜也会喊腿疼，不过连她自己都轻车熟路了。这样看来，几乎就可以确定是生长痛没错了！

什么是生长痛

其实按字面意思就能理解，因为生长而出现的疼痛，但是生长痛不是病，是孩子生长发育阶段特有的生理现象。大约10%~20%的孩子会遇到，持续一段时间后会自行消失，不会对孩子造成其他影响。

生长痛不同于其他疼痛的几个明显特点如下：

· 生长痛有几个高发位置：膝关节周围、小腿和大腿的前侧，有些宝宝疼痛位置也会出现在腹股沟区（所以有些会喊肚子疼）。

· 疼痛部位没有明显的肉眼可见的症状：疼痛部位没有任何外伤，没有出现红肿、发热、肿胀、硬块、压痛的现象。

· 发病时间主要在晚上尤其是半夜，而且不会影响孩子第二天的活动，白天跑跳一切正常。

· 持续时间短：一般持续几分钟或1小时，很少有超过2小时的。疼痛很快会自然消失，不会持续到第二天早上，第二天跟没事人一样。

·有年龄特点：在临床实践中，3~4岁和8~12岁等处于生长期的孩子较多见。

为什么会出现生长痛

目前医学界对生长痛的发生原因并没有明确解释。有些归结于孩子一整天的过度活动之后的肌肉疲劳；有些认为是发育过程中，骨头生长比肌肉生长更快，从而拉扯肌肉而产生的疼痛；还有的认为是发育阶段出现的代谢旺盛，引起酸性代谢物堆积，刺激引发了酸痛。但都是推测而已。

虽然具体原因尚不明确，但可以确定的是，它跟很多人认为的缺钙没有任何关系，生长痛主要是肌肉疼痛或软组织疲劳，而不是骨头疼。所以生长痛与孩子是否缺钙无关，钙充足的孩子也可能出现生长痛，补钙对生长痛的缓解也没有多大帮助。

当孩子出现生长痛时，我们能做什么

·局部热敷：用热毛巾在疼痛的位置热敷可以缓解疼痛带来的不适感。

·适度按摩：按摩也能起到舒展和放松的功效。

·运动适量：当出现生长痛时，家长没必要限制孩子平时的运动量。但要注意劳逸结合，大量的跑跳容易使肌肉锻炼过度，也会影响孩子的夜间睡眠。就跟大人一样，如果哪天去登山了，当晚常常会睡不好。所以，如果觉得孩子当天的活动严重超量了，之后要

注意休息，可以在日间加一次小睡，适当放松。

· 不要擅自给孩子吃止痛片：一般生长痛的疼痛程度远到不了需要吃药的地步，如果孩子不能坚持，在医生的指导下可以服用对乙酰氨基酚或者布洛芬来缓解。

孩子第一次出现这种莫名的疼痛，会有恐慌心理，大部分孩子都是第一次哭闹比较严重，越到后面反应越小。有的时候，随着家长的按摩，孩子就接着入睡了。所以，提醒妈妈们，生长痛不是每一个孩子都会出现，但是如果出现了，也不必过度慌张。

哪种情况需要就医

虽然生长痛确实不需要过于担心，但是引起疼痛的原因有很多种，如果孩子出现以下情况，应该立即就医：

· 只有一条腿尤其是固定一个部位持续疼痛；

· 疼痛部位有外伤、肿胀、僵硬等其他症状；

· 疼痛持续时间超过24小时，而且热敷和按摩之后没有明显好转；

· 出现严重的关节痛、关节红肿，或者按摩时有明显的疼痛反应；

· 除了夜间，白天也疼痛明显；

· 疼痛伴有发热；

· 疼痛难忍，走路困难。

有一些疾病的症状与生长痛有相似的地方，也会导致原因不明的疼痛，如骨折、恶性骨瘤、儿童白血病、青少年关节炎，等等。

孩子很难准确描述疼痛，如果家长自己不太确定时，应该及时带孩子找医生诊断。

　　生长痛，如果事先有过了解，还能有个心理准备，若是没有，真是吓死人。面对孩子不明原因的半夜狂号，大人真是能被吓出个好歹。所以还没此经历的妈妈们，真正遇到这种情况别急着往医院跑，先按照文中的建议看看是不是生长痛。否则也许跟我一样，还没出家门口，孩子早变没事人了，白折腾一圈。

错过长高黄金季，宝宝的身高发育耽误一整年

前几日带CC去体检，社区医生建议补充两个月的钙和维生素D。原来是一年一度的长高黄金季又来了。一年之中，宝宝在其中3个月身高增长的高度，比剩下全年加起来还多。在对的时间做对的事，永远能事半功倍，达到四两拨千斤的效果。

神秘的长高黄金季

你知道吗？宝宝的生长发育具有明显的季节性，其中以春季（3~5月）的生长速度最快，是秋天的2~2.5倍。那么，妈妈们的问题来了，春天长个的原理是什么呢？在一年四季中，春天阳光中紫外线含量是最高的！紫外线又有什么用呢？

我们都知道长个需要补钙，但是，钙若想被人体吸收就必须有维生素D的帮忙。而晒太阳、接受紫外线的"洗礼"，是获取维生素D最简单又最重要的方法。紫外线的照射转化成维生素D_3被人体吸收，从而促进胃肠道对钙的吸收，使孩子骨骼长得更好、更快。这也是医院现阶段所有的体检都建议妈妈们补充钙和维生素D的原因。

原理明白了吗？那就千万不要错过春天这个黄金增长期！

长高秘籍——会吃

想要孩子长得高，营养必须跟得上。最重要的就是保证营养均衡，蛋白质、脂肪、维生素、矿物质、纤维素、碳水化合物和水，七大营养素缺一不可。

钙是孩子长高的重中之重。如果孩子摄入的钙量不能满足生理所需，血钙和软组织中的钙不足，就必须向骨骼"借钙"，一旦骨骼缺钙，别说长高了，就连正常生长都做不到。所以，春天要给宝宝多选用含钙丰富的食品。

1.牛奶及奶制品

保证孩子每天奶制品的摄入量，建议早餐喝一杯牛奶，晚上喝一杯酸奶。酸奶的含钙量及吸收均高于牛奶，晚上喝酸奶更有利于消化。如果你的孩子不爱喝奶，可以选择奶酪，奶酪是含钙量最高的奶制品，不仅保留了牛奶中营养物质的精华成分，独特的发酵工艺使其营养的吸收率高达96%~98%。

2.豆制品

豆制品也是补钙良品。豆腐含有丰富的优质植物蛋白，非常适合宝宝吃，但豆腐与某些蔬菜不能同吃，比如菠菜。菠菜中含有草酸，它可以和钙相结合生成草酸钙结合物，从而妨碍人体对钙的吸收。但豆制品若与肉类同烹，则会味道可口，营养丰富。

3.动物骨头

动物骨头永远是让小月龄的宝妈们只可远观的一种食材，动物

骨头80%以上都是钙，但是动物骨头里的钙不溶于水，难以吸收。如果添加一些醋，可促进骨头中钙的溶解。吃时去掉浮油，放些青菜即可做成一道美味鲜汤，也可以直接让宝宝吃骨髓。骨头汤还可以加在宝宝的其他食品中混合喂养，比如用骨头汤下面条、蒸鸡蛋羹等。

4.含钙的蔬菜

蔬菜中也有许多高钙的品种。小白菜、油菜、茴香、芹菜等每100g钙含量在150mg左右。这些绿叶蔬菜每天吃250g就可补钙400mg。

5.芝麻、虾皮

非常推荐给宝宝吃芝麻酱，不仅含钙量高，吸收也好，芝麻酱拌面是CC的最爱。此外，虾皮也是补钙良品，现在市面上有很多适合宝宝的低盐虾皮。

6.补钙药物

还不能添加辅食的宝宝，或是对食补没有信心的妈妈，可以选择一些补钙药物。优点是操作简单，并且容易控制补充量。

7.补钙别忘补镁

钙与镁似一对双胞胎兄弟，总是成双成对地出现。钙与镁的比例为2：1时，最利于钙的吸收利用。含镁较多的食物有坚果（杏仁、腰果和花生）、黄豆、瓜子（向日葵子、南瓜子）、谷物（黑麦、小米和大麦）、海产品（金枪鱼、鲭鱼、龙虾）。

除了补钙，宝宝还应该多摄入肉类、蛋类等富含蛋白质的食物，以及各类富含维生素的食物，比如新鲜的水果、蔬菜和虾类、贝类等。其实说了这么多，最重要的还是要合理搭配、均衡营养！

长高秘籍——会睡

能睡的孩子个子高，深睡越久，长得越高。

俗话说春困秋乏，其实人体在春天需要更多的睡眠时间，尤其是正处于生长发育阶段的孩子，为了促进体内生长激素的分泌，更需要优质睡眠的支持。美国《睡眠》杂志曾发表的两项研究报告称，睡眠不足或睡眠过多均可导致中年人大脑老化，而贪睡的婴儿更容易长高。

充足的睡眠对孩子的身高增长大有益处，因为绝大部分生长激素是在夜间熟睡状态下分泌的，深睡眠时间越长，生长激素分泌的量就越多，而孩子将长得更高。

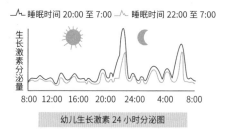

幼儿生长激素24小时分泌图

从图中可以看到，生长激素呈脉冲式分泌，生长激素分泌最多的两个时间段分别是21：00~1：00、5：00~7：00。

晚上22点前后会达到顶峰，6点左右还有一个小高峰，如果在这两个时间段内，孩子没有睡着，或者已经醒来，它便不会继续分泌生长激素！只有人体进入深度睡眠，生长激素才会分泌。一般人在入睡后半小时至1小时，才进入深度睡眠状态。想要晚上9点就开始分泌足量的生长激素，8点开始安排上床一点也不早。所以一定要努

力培养孩子早睡的习惯，不要白白浪费了孩子长高的机会。

长个秘籍——会玩

田野里、公园里、广场上，想让孩子春季身高芝麻开花——节节高，适当的运动必不可少。孩子经常参加体育锻炼，可以改善血液循环，同时能够刺激骺板和骨骼，促进生长激素的分泌，使骨骼生长更旺盛，从而促进孩子身高的增长。

据医学专家调查研究，同龄宝宝不爱运动的比经常运动的平均身高低4~8cm，有的甚至更多。

如果不满足于孩子日常的跑跑跳跳，可以尝试以下锻炼。

1.婴儿操

小一些的婴儿，妈妈们可以帮忙做婴儿操，帮助宝宝拉伸肌肉。

2.游泳

作为一项最具代表性的拉伸运动，可以使全身各个部分都得到充分的舒展和锻炼，适合各个月龄的宝宝。

3.适当的负重运动

不要怕负重会把孩子压矮，不利于孩子长高。最新研究表明，骨头需要承受重量，才能将血液中的钙质存入骨头中。因此适度的负重运动，也有助于骨密度增加，进而让骨骼与肌肉增强，促进身高的增长。

所以，只是比平时多一点点的注意，就能让孩子拥有长高的机会。

Part 4
若想宝宝不生病，
该如何预防和护理

宝宝发热该捂还是该晾？

咳嗽老不好，会不会咳出肺炎？

宝宝腹泻老不好，到底是咋回事呢？

宝宝3天没拉大便了，如何缓解便秘？

宝宝的口腔和咽部有严重的疱疹和溃疡，是手足口病吗？

宝宝经常哭闹，如何判断是胀气还是肠绞痛？

怎样区分奶渍残留和鹅口疮？

一到冬天宝宝脸蛋就发红皲裂，该怎么办？

宝宝湿疹不断反复怎么办？

发热该捂还是该晾

这几年基础医学知识越来越普及，对广大医护人员来讲，却不见得都是好事，因为常常会有一知半解的病人拿着片面的言论，来质疑医护人员的专业判断。就比如随着捂热综合征的被普及，很多妈妈知道了孩子发热不能随便捂，否则不仅热退不下去，还容易出现捂热综合征——宝宝会因为高温、缺氧、脱水等造成严重的后果（包括智力低下、运动障碍、癫痫等），致残、致死，尤其高发于1岁以内的宝宝。

几乎所有看过捂热综合征相关报道的家长，遇见宝宝发热就再也不敢捂，只敢晾着了。但是，很多宣传因为侧重点不同，常常过于片面或是矫枉过正。殊不知，一知半解有时候比无知更可怕。刚好用CC发热的亲身护理经历告诉大家，发热到底该捂还是该晾。

一天中午，CC嚷嚷着要睡觉，要知道她平时可是位跟睡觉有仇的主儿，这么反常肯定有情况。哄睡之后摸她的后背，预测体温有38℃以上，手脚冰凉。我知道，体温还会升高，于是赶紧又给她加盖了一层小毯子，于是很多人质疑"捂上了"。

为什么这个时候需要捂？先来科普一下发热的原理。

发热作用机理一

发热的定义为身体内部的中心体温≥38℃。人体的温度是通过体温中枢控制的，正常情况下体温设定在37℃左右，人体生病时体温中枢会将设定温度提高。一旦体温设定点被提高，身体接收大脑的信号会主动升高体温，通过神经、激素和肌肉的调节，让身体通过打寒战来产热，同时通过收缩皮肤血管来减少散热。所以在开始发热的时候会打寒战、手脚冰凉。这就是发热的第一个阶段——温度上升期。这个时候帮宝宝多穿一些或多盖一些，可以帮助体温尽快达到被升高后的体温设定点。反之，如果这个时候晾着，宝宝就需要更多的寒战来产生热量，这会消耗他更多的体力，也会让他感到更不舒服。所以，在这个阶段千万不能晾着和物理降温。

CC睡熟之后，我测了一下她的体温是38.9℃。这个时候再摸，手脚都温热了，预计已经进入稳定期，体温不会继续上升，所以没有让她服用退热药，但是减去了加盖的毯子。（现在主流的观点是38.5℃以上可以服用退热药，我们平时用药很谨慎，在孩子能坚持的情况下还是愿意让她扛一扛，但这点并不值得效仿，关键还是看孩子的状态，如果特别没精神和不舒服也不要拘泥于温度值。用药的目的是减轻孩子的不适。）

发热作用机理二

一旦体温升高到设定点，寒战会减少，皮肤血管也不会继续收

缩，四肢会变得温热，也不会有寒冷的感觉。这时产热和散热就会维持一个平衡。这就是发热的第二个阶段——平稳期。这个时候就不要再通过多穿或多盖来帮助升温了，可以适当减去一些衣物。2小时午睡醒后，CC的状态还不错，起来后继续玩，因为不配合量体温，就没有再量，但是看状态应该在38℃左右，玩的时候说热，摸手脚确实已经开始发热，所以给她减了衣物。

发热作用机理三

当热过一段时间，病情被控制或服用退热药之后，体温设定点会重新被调低。当实际温度高于设定温度时，身体又会接收大脑的信号主动散热，启动出汗这些散热方式，以减少产热，增加散热。这是发热的第三个阶段——温度下降期。当孩子觉得热的时候，说明体温中枢已经下调了设定温度，就应该减衣减被，增加散热，帮助他降温。如果此时还捂着，热量散发不出去，体温就难以恢复正常。但很多人说，"确实是捂出一身汗后就感觉好了啊"。其实是因为下调了设定的温度，才启动了出汗等退热机制，所以不是因为出汗才退热了，而是因为需要退热了才会出汗。

但是，一次生病的过程通常不止一个发热周期。所以此时的孩子很可能依然没有恢复正常体温，而且下一个周期可能很快会到来。比如CC，虽然精神好一些，但是目测体温依然在37.5℃以上，到晚饭的时候她就又要求睡觉了，等她再次醒来已经半夜11点了，这次最高温度大概38.5℃，又经历了一个上升期—平稳期—下降期的轮回。

醒来之后精神还算好，大概凌晨1点的时候她又睡下了。体温38.7℃，而且手脚冰凉，温度肯定还要升。为了让她睡得好一些，大人也能休息一会儿，塞了一枚退热栓，睡了一整夜。

第二天白天又醒醒睡睡、反反复复地烧了几轮，晚上睡的时候摸着还是有些热，偶尔配合测体温最高大概38.5℃，也就没再用药。后半夜再摸就正常了，第三天就痊愈了。正常当病情被控制或服用退热药之后，体温设定点会重新被调降至37℃左右，身体会启动出汗等散热机制直至体温恢复正常。

很多妈妈都在追求不用药，但是一定要看病因。那次CC发热的当天上午就流鼻涕、打喷嚏，是比较明显的普通感冒。那时的发热是人体自身的防疫系统和外来入侵的病毒作战的结果，是激活宝宝自身免疫系统的一种途径，所以并不需要积极退热，除了在温度过高时使用退热药，其余等待自愈即可。如果体温上升的原因不是感染性疾病，则这种高体温对人体并没有帮助，随时都可予以退热，例如衣服穿太多、中暑之类的体温过高。当然，如果你不能确定引起发热的原因，也不要让宝宝硬扛，及时就医。

对于会说话的大宝宝而言，冷了、热了，需脱、需盖护理都相对容易。但是对于还不会表达的小宝宝，爸爸妈妈们护理起来会觉得格外困难，也需要家长格外细心。

到底是要捂还是要晾，其实都是分具体情况的，不能"一刀切"。最简单的就是摸手脚，凉就说明温度还会上升，要适当地添加穿的或盖的，热就说明温度进入下降期，要及时脱衣物或减少盖被散热，否则会出现捂热综合征。这样说，是不是一下就明白了许多？

本文观点参考：中国香港卫生署·亲职系列4——发烧的护理、中国台湾儿科医学会·儿童发烧问答集（第二版）、《美国儿科学会育儿百科》

咳嗽高发期，该如何护理

秋冬季节宝宝的常见疾病有很多，最常见的就是咳嗽。根据严重程度、咳嗽时间以及并发症状的不同，大概可以分为感冒型咳嗽、肺炎型咳嗽和过敏性咳嗽，等等。

感冒型咳嗽

作为普通感冒"套餐"中的常见搭配选项，咳嗽的病程一般是这样的：发热症状初现，2~3天后体温下降，出现咳嗽等呼吸道症状。咳嗽后的两三天，症状达到最重，随后咳嗽减轻，病情好转。有的发热与咳嗽同时发生，比较轻的感冒只咳嗽不发热。

你需要知道以下这几点：

①普通感冒的病程在7~10天左右，但大部分感冒引起的咳嗽会超过一个星期，平均要十几天。所以咳嗽不要紧，如果发现症状越来越轻，那时间稍长也不必过于紧张，但是如果咳嗽超过一周，而症状没有任何减轻，最好去医院排除一下其他病因。

②发烧才好，又开始咳嗽了，是不是两种疾病？需不需要二次

就诊？发热后咳嗽是疾病的正常过程，咳嗽是发热的后续症状，并不是发热刚好，又开始了咳嗽，所以不需要重复就诊。

肺炎型咳嗽

很多家长都会问：宝宝咳嗽老不好，会不会咳出肺炎？

肺炎不是咳嗽咳来的，孩子得不得肺炎，主要有两方面因素。一是孩子本身的抵抗力，二是感染的病毒和细菌的致病力。

感冒是上呼吸道感染，而肺炎是下呼吸道感染。当宝宝抵抗力弱，而且病菌毒性较强时，就会由上呼吸道感染转成下呼吸道感染，引发肺炎。

肺炎的症状没有什么特异性，早期可能有一点咳嗽、流鼻涕。但肺炎的整体情况会比普通感冒严重，而且病情发展较快，很快会有气促和缺氧的表现。孩子哭闹或是精神萎靡的情况也更加明显。如果发热治疗几天后体温持续不降，并伴有咳嗽不减轻甚至加重，要考虑肺炎。

过敏性咳嗽

除了常见的感冒类咳嗽，这个季节比较常见的还有过敏性咳嗽。过敏性咳嗽持续时间较长，常常超过两周，有的会持续1~2个月，但一般不会伴有发热。白天孩子安静时咳嗽较少，但一剧烈活动就会咳嗽加重，甚至还会喘。夜间咳嗽比较明显，常会咳醒。

这类宝宝胸片及血液检查均无明显异常，常被诊断为感冒或支气管炎，但其实是过敏性咳嗽，临床上称为咳嗽变异性哮喘。过敏

性咳嗽的宝宝，建议去医院检查变应原。只要服用抗过敏性咳嗽对症的药，通常很快就能缓解。

痊愈后，注意预防以下几种情况：

①避免食用会引起过敏症状的食物，如海产品、冷饮等；

②家里不要养宠物和花，不要铺地毯，避免接触花粉、尘螨、油烟、油漆等；

③应使用除螨仪、除湿机和空气过滤器，并定期更换滤网。

咳嗽咳痰的宝宝，应该如何护理

1.帮助孩子拍痰

成年人会通过咳痰将分泌物排出体外，小宝宝还不会咳痰，家长要帮他拍背。

有的家长说，"宝宝又不会咳痰，拍出的痰又咽了下去，那不是白拍了吗？"拍出的痰是咽了下去，但并不是白拍。拍过之后，痰由呼吸道到了消化道，肺脏内的异物和过多的液体被清除了，有利于呼吸系统炎症的消除。而消化道内有许多消化酶，可以消化清除这些异物和过多的液体，其对人体的危害也就随之消失了。

手法：手指并拢向上蜷起，拇指向食指靠拢，形成中空状，这样震动效果较好，而且宝宝不会很疼。拍痰时要把两侧肺叶上下左右全部拍到，宝宝的肺下部更容易产生液体积聚，所以应着重拍这些部位。不要怕拍疼宝宝，轻拍很难有效果，只要用对了姿势，孩子不会感觉到疼。拍一会儿，再听他咳，就能听出有痰的声音了，虽然他咳不出，但还是会舒服很多。

2.保持呼吸道湿润

咳嗽和空气有很大的关系，空气太脏或太干燥都会加重咳嗽。可以用加湿器增加室内湿度，40%~50%是最理想的状态。还有一个方法是利用浴室蒸汽，在浴室内放一会儿热水，待蒸汽充满浴室后，让孩子进去待一会儿，让呼吸道多受到水蒸气的滋润，也有助于缓解咳嗽。当然，最好的方式还是多喝水，保持呼吸道的湿润。

3.缓解夜间咳嗽

如果宝宝半夜咳得厉害，可以将床垫靠头一侧抬高成一个倾斜的坡度或是把宝宝上半身略垫高一些（帮助呼吸道分泌物下流）。

4.注意饮食

0~6个月的孩子，因为有来自母乳的抗体，以及接触外界病毒的机会比较少，通常来讲比较少出现呼吸道的感染。如果出现了，容易加重变化发展到肺炎。如果孩子出现比较频繁的咳嗽或者呼吸加快，这个时候建议到医院让医生帮助处理。

6个月~1岁，可以给孩子喝一些温水、雪梨水、稀释的苹果汁，每天4次左右，每次不用喝太多，5~15mL即可，目的是让孩子润润喉咙。

1~6岁，可以喝点蜂蜜。有研究表明，蜂蜜对减轻夜间咳嗽发作和严重程度有一定的作用。不过这些作用都非常有限，家长不要期望用某种药物或食物让孩子立马不咳，这是不可能的，只能说让孩子舒服一点。

6岁以上，给孩子喝一些谷物的糖浆、雪梨汁，可以补充水分，稀释痰液，帮助孩子咳出来。

　　咳嗽不是病，是一系列呼吸道疾病常见的共同症状，是人体正常的保护性反应。对身体是有益的，比如帮助排出分泌物、异物，等等。护理咳嗽的孩子是一场攻坚战，得需要点体力，还需要点耐心。但是宝宝每一次生病，都是一次增加免疫力的机会。

腹泻高发期，该如何护理

天气忽冷忽热，是腹泻高发季节。关于腹泻的一些常见种类，每个妈妈都应该懂得一些家庭护理知识。

常见的小儿腹泻种类

一、生理性腹泻

常见于母乳喂养的小婴儿（配方奶也有一部分，主要是因为配比不合理，或是喂养不当，原因简单，注意改变就行），有些妈妈母乳所含的营养成分超过了宝宝的需要，而宝宝的消化能力又非常有限，多余的部分就只能通过腹泻的方式排出体外。所以如果发生生理性腹泻，只能说明母乳的营养很高！

特点：除了大便次数多，没有其他不适症状；食欲好，精神佳，生长曲线优美；添加辅食后会逐渐正常。

护理：无须用药，顺其自然。

也有人建议，缩短喂奶时间，只让宝宝吃脂肪含量少的前奶；还有人建议直接改为配方奶或牛奶或其他乳制品。首先不建议第二

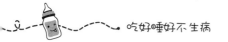

种，没有比母乳更适合宝宝的食物，实在没必要因为母乳性腹泻就中断；第一个听起来不错，实践起来却更麻烦，谁能知道吃到哪个点才算刚刚够呢？万一摄入得不够呢？让他拉总比让他饿强吧？

二、消化不良性腹泻

由于进食过多或喂养不当造成的腹泻。

常见于奶粉宝宝，奶粉冲配比例不合理、奶量增加过多、突然由母乳喂养转人工喂养，等等。已添加辅食的宝宝，辅食添加过多、过快，宝宝不能适应，等等。

特点：大便量大、酸臭，大便中常看到没消化的食物残渣；腹泻2~4次后往往自行缓解；之前有饮食过量或不当饮食；化验大便，便常规一般正常。

护理：由喂养不当所致，应及时调整奶量，1~2天内减少奶量或把奶稀释为1/2~2/3，但不要长时间稀释，以免婴儿营养不良。由新添辅食所致，应暂停添加，一周之后，再从少到多，一样一样添加。

三、感染性腹泻

感染性腹泻又分为细菌感染性腹泻和病毒感染性腹泻。

1.细菌感染性腹泻

常常是因为进食了生冷食物、未洗干净的食物、直接从冰箱拿出来的隔夜食物、变质食物等。有的时候轻微变质，大人食用后不会有明显不适，但是肠胃功能尚不健全的孩子就可能诱发腹泻。简单地说，就是入口的东西被细菌感染过。

特点：大便次数多，但每次量不多；大便中可看到像痰液样的脓冻和果酱样的成分；有的孩子伴有低中度的发热，少数还伴有高热；有的孩子伴有呕吐。

2.病毒感染性腹泻

病毒（一般为轮状病毒）感染性腹泻，经常发生在6个月至2岁的婴幼儿身上，轮状病毒感染在一年四季都可能发生，但是8~11月份为高发季节，所以也被称为"秋季腹泻"。

特点：起病急，体温升高明显（38℃~40℃）；初期有类似感冒症状（咳嗽、流清鼻涕）；有的孩子会先出现呕吐，然后腹泻；大便次数多，量多，但大便中粪质少，以水分为主，形象地讲就是大便呈蛋花汤样或清水样，有少量黏液；大便中丢失水分多，易发生脱水；一般发病期会持续一周左右，属于自限性疾病，一般无特效药治疗。

感染性腹泻的护理

1.防止脱水

腹泻本身不可怕，腹泻导致的脱水才可怕。感染性腹泻如果治疗及时，是可以自愈的疾病——所谓治疗及时，指的就是及时预防和纠正脱水。

轻到中度脱水的症状：玩的比平时少；小便次数少于平时（婴儿每天尿湿的尿布少于6块）；口唇干燥；哭的时候眼泪比较少；囟门凹陷（囟门尚未闭合的婴幼儿）。

重度脱水的症状：（除上述症状外）非常急躁；过度嗜睡；眼窝凹陷；手脚冰凉、苍白；皮肤褶皱、松弛；小便减少到每天只有1~2次；哭时没有眼泪。

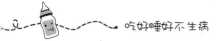

如何有效地防止或者治疗脱水：口服补液盐（ORS），不管是何种原因引起的腹泻脱水，都可以通过口服补液来治疗。其中电解质的配比，是世界卫生组织和联合国儿童基金会经过20年研究改良的配方。其纠正脱水的速度优于静脉滴注，当然也比光喝白开水有用得多。来不及或是买不到的，也可以在家中自制补液：

· 米汤500mL+盐1.75g

· 白开水500mL+盐1.75g+白糖10g

随时口服，能喂多少喂多少。从宝宝腹泻开始，就可以口服足够的、合适的液体以预防脱水，不必等到出现脱水症状才开始用。

2.营养补充

腹泻期间应该保证营养的摄入，保证平日的饮食就好，无须刻意减少或稀释。母乳喂养的宝宝应继续母乳喂养，并且增加喂养的频次及延长单次喂养的时间。添加辅食的宝宝推荐五种食物：香蕉、婴儿米粉、苹果泥、面包、酸奶（这5种食物可以有效地帮助宝宝缓解腹泻）。腹泻症状好转之后，不要急着大鱼大肉地补起来！应该让脆弱的肠道多休息，给胃肠道一个修复时间。

3.补锌

腹泻时补锌，可以缩短腹泻的病程、减轻腹泻的严重程度和降低脱水的危险。6月龄以下婴儿每天补锌10mg，6月龄以上儿童每天补锌20mg。连续补锌1~2周，可以补足腹泻期间丢失的锌，并且降低病后2~3个月内再发腹泻的危险。1岁以内尽量选择无糖的锌制剂。

4.服用止泻药

如果腹泻严重，可以吃点蒙脱石散（思密达），几乎没有副作用，有保护肠道黏膜的作用，小宝宝也可以吃，只要注意用量。

5.护理好小屁屁

不管是哪种腹泻，一定要及时护理小屁屁。拉完后用温水洗，擦拭干燥，然后抹上护臀霜（抹厚点，隔尿隔屎效果更佳）。

6.注射疫苗

妈妈们也可以选择给孩子接种轮状病毒疫苗，这样被轮状病毒侵袭的时候，能有效地减轻症状。

关于腹泻的一些注意事项

1.关于益生菌

国内应对腹泻一般搭配推荐使用益生菌，理由是可以调节肠道正常菌群，而且安全。但是国外最新研究表明，益生菌对腹泻的治疗作用并不明确，可能能缩短病程（缩短感染性腹泻病程半天到一天）。但不是所有的益生菌菌种都有益处，也不是对所有类型的腹泻都有益处，尚无定论。

2.关于用药

上述几类腹泻，除了细菌感染的针对性用药为抗生素，其他的都没有特效药。而吃坏东西的腹泻情况，除非特别严重的，一般只要排泄完也会自动痊愈，当然用抗生素也会缩短病程，但是如果不严重还是建议尽量少用抗生素。一旦发现宝宝病情恶化或精神状态萎靡，请立即就医。

3.关于化验大便

化验大便，一般主要看白细胞、红细胞、有无寄生虫及其他。

有红细胞可能是血便，这一点有时候通过仔细观察大便也能得知。另外，检测白细胞也无非两种结果，一种是有白细胞，一种是没有白细胞或少量白细胞。前者考虑细菌感染，这就又回到了上一个要不要用抗生素的问题。如果首先不考虑使用抗生素，那即便化验出白细胞又如何呢？如果去医院化验，针对化验结果，医生"只能对症下药"，开抗生素。但是到底要不要用，参照孩子以往的生病经验、用药情况、本次的腹泻程度，就取决于家长。

只能说大部分原本体质就不错的孩子，在病情不是非常严重的情况下，不用抗生素是可以坚持过去的，但是决定权在你，不主张滥用抗生素，但是该用的时候也一定要用！当然，便常规检查结果还有可能是寄生虫、霍乱等比较小众的疾病，就不属于"常见腹泻"的讨论范围了。

如果想要化验大便，记得提前留大便标本。因为孩子的大便可不是你想让他拉就能拉的。大便不能放在尿布上或纸上，这会影响检查结果。留取大便标本时要取有脓血的部分，可以把大便放在玻璃或塑料容器中。也不要保留时间太长，一般要在1小时内化验。

4.关于就医

我们推荐妈妈们学习家庭护理，是为了避免徒劳无功的折腾，但是，并不是阻止大家去就医。当孩子出现无法进行口服补液、呕吐不止、高热不退、腹泻剧烈、大便带血、口服补液盐2~3天效果不明显、严重脱水、精神萎靡等症状时，请不要犹豫，立即就医，以免延误病情。

宝宝腹泻老不好，看看是不是乳糖不耐受

腹泻持续时间长、没有明显好转，尤其查血常规、便常规并未有明显异常时，妈妈们就又不淡定了。宝宝腹泻老不好，到底是怎么回事呢？如果宝宝持续腹泻10天以上没有明显好转，同时伴有排气多、大便里有很多泡沫、腹胀、无规律哭闹、夜间睡眠不好时，就要考虑是不是乳糖不耐受。

什么是乳糖不耐受

你身边有没有很多喝完牛奶就肚子不舒服的人，要么肚胀、要么腹泻，其实，这就是乳糖不耐受的表现。

母乳和其他哺乳动物的乳汁中，碳水化合物主要为乳糖。乳糖是糖类中的一种，与宝宝的身体发育，尤其是与婴儿大脑的迅速发育成长有密切联系，是人体生长发育的主要营养物质之一。但是它不能直接被人体吸收，需要被小肠黏膜上的乳糖酶消化分解为葡萄糖和半乳糖后，才能被人体利用。如果一个人乳糖酶分泌不足，就不能完全消化和分解进入人体的乳糖。而那些没被分解的乳糖会进

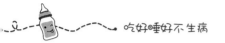
入大肠，在大肠里被肠道菌群酵解成酸类和气体。所以，乳糖不耐受比较通俗的表现就是：腹泻、腹胀、放屁多、肚子不舒服；大便酸臭，颜色不是金黄色，而是绿色大便或者泡泡大便。

什么情况下会出现乳糖不耐受

乳糖不耐受的直接原因就是乳糖酶缺乏，一般分为三种情况：先天性、晚发性和继发性的乳糖酶缺乏。

1.先天性乳糖酶缺乏

这种情况的发生率与种族以及遗传有关，真正的先天性乳糖酶缺乏发生概率很低，非常罕见。是从孩子一出生就急需处理的医疗状况，会有明显的脱水和营养不良症状。

2.晚发性乳糖酶缺乏

随着年龄的增长，3~5岁后乳糖酶活性会自动逐渐降低，部分孩子开始出现乳糖不耐受，这是生物进化的自然结果，提示该断奶了。

怎么留住身体里的乳糖酶呢？那就是让宝宝从小一直喝奶，大部分的宝宝体内都是有足够的乳糖酶的，坚持饮用可以刺激这些酶的活性，保存更多的乳糖酶。如果是成人，试着找到合适自己的剂量。乳糖不耐受并不意味着完全没有乳糖酶，可能只是存在不同程度的乳糖酶不足，那就找到喝了不会拉肚子的量，然后少量多次饮用。乳糖不耐受的人群如果想摄入足够的奶制品以保证钙的来源，也可以选择喝酸奶、吃奶酪，因为酸奶或者奶酪在发酵过程中，乳糖已经被分解了。

3.继发性乳糖酶缺乏

所谓继发性，一定就有原发性。

肠炎（轮状病毒）、慢性腹泻、免疫系统等疾病都有可能引发继发性乳糖不耐受。大家都知道常见的肠炎，比如轮状病毒引起的腹泻，大概在5~7天内会痊愈。之所以长期腹泻不止，是因为病毒在损伤肠道的同时，还会破坏小肠黏膜，使小肠黏膜上的乳糖酶受到损伤，造成乳糖酶不足。这时宝宝进食的乳糖就不能被正常消化，出现乳糖不耐受，从而引起继发的乳糖不耐受性腹泻，而这种腹泻是慢性的，因为肠道恢复需要时间。如果不做其他处理，等待肠道自行恢复到能够分泌足量的乳糖酶，一般需要2~8周。

乳糖不耐受要如何治疗呢

这里主要指继发性的乳糖不耐受。

1.母乳宝宝

如果孩子是母乳喂养，不需要减少或暂停母乳，也不需要换成羊奶。哺乳动物的乳汁中都含有乳糖，只是不同动物乳汁中的乳糖比例不同，人乳中乳糖约为7%，牛乳为4.2%，山羊奶为4.6%。不管换成羊还是其他动物的奶，依然可能不耐受。所以不建议继发性乳糖不耐受的宝宝停止母乳或换配方奶，母乳是最佳的可以帮助肠道恢复健康的食物。

现在普遍的治疗建议是每次喂奶前（至少15分钟）给乳糖不耐受的宝宝服用乳糖酶，待宝宝腹泻逐渐好转时，乳糖酶可以逐渐减量，直至停用。

但是很多宝宝服用乳糖酶之后，乳糖不耐受症状并无明显缓解。所以，有研究建议，如果真的要用乳糖酶，应该提前把乳糖酶滴入挤出来的母乳中，等待一晚或一天，等乳糖酶把母乳中的乳糖分解了，再喂给宝宝喝。

2.奶粉宝宝

除了同样被建议添加乳糖酶之外，乳糖不耐受的奶粉宝宝还可能被建议换成无乳糖配方奶粉。但事实是，在临床治疗中，只有纯配方奶粉喂养的宝宝，而且出现营养不良或体重降低的时候才考虑换不含乳糖的特殊配方奶。因为无乳糖配方奶粉中不含乳糖，所以不能保证半乳糖的摄入，而半乳糖对宝宝身体尤其大脑发育非常重要。所以不要随便给孩子换奶粉，换之前最好咨询医生，并在医生的指导下考虑食用时间。

3. 添加辅食的宝宝

乳糖不耐受期间，辅食添加要注意回避含有乳糖的食物。牛奶可以换成酸奶或者奶酪，也可以通过其他食物获取钙。比如，一些低草酸的绿色蔬菜，如西蓝花、大白菜叶、卷心菜、羽衣甘蓝等都是很易吸收的钙来源；豆腐也能提供较高的钙，而且较容易被人体吸收利用。

其实，只要孩子的乳糖不耐受不是原发性的，那么只要解决感染和引起肠道受损的疾病，等待肠道完全恢复健康，乳糖不耐受自然会解决，所有乳糖不耐受的处理方式都只是时间问题，唯一比较麻烦的只是小屁屁的清洁和护理工作。

当然，前提是孩子一直以来的身体基础还不错，不是体弱多病型，腹泻期间精神也不错，体重没有明显的下降，那么可以试着等肠胃自行恢复。当然，一切还是要根据孩子的具体情况，如果没有主意，可以咨询孩子的主治医生。

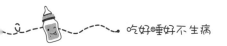
便秘，真没你想的那么简单

经常有妈妈问关于宝宝便秘的问题，新生儿便秘、几个月宝宝便秘、几岁了还便秘。回答多了才发现，妈妈们对便秘这事儿居然有这么多误解，便秘其实远没你以为的那么简单。

误解一：只凭排便时间下结论

"宝宝3天没拉大便了怎么办，如何缓解便秘呢？"

问者易，答者难。问的没有前言、没有后语，我们却不能简单地断章取义，一般先会问明白，到底属不属于便秘的范畴。并不是很多天不拉就是便秘，判断便秘的依据通常是大便干结、排便困难。所以即便有的宝宝每天都大便，但如果每次只拉一点点，而且出现排便困难，那他也可能已经便秘了。所以，便秘跟大便的频率没有直接的关系。

误解二：错把攒肚当便秘

有妈妈问便秘问题的时候，我们一般都会反问：宝宝多大？如果出现在满月后2~3天，甚至4~5天都没排大便，可能就是宝宝在攒肚。

攒肚通常出现在满月前后至2个月这段时间，可能会出现2~4天，甚至半个月不大便的现象。攒肚期间，宝宝的排便间隔虽然增长，但所排大便仍是正常黄色软便且无硬结，而且宝宝排便时没有痛苦的表现。攒肚的宝宝进食正常，精神很好，便秘的宝宝一般进食也会受影响，而且经常哭闹。另外，母乳喂养的宝宝更容易发生攒肚的情况。因为随着宝宝消化能力的提高，对母乳营养的吸收也更加全面，被吸收后的母乳固体残渣就会很少，攒肚恰恰说明宝宝的胃肠吸收能力很强。

便秘是宝宝的常见问题，真来了，也不用过于担心。通常通过膳食调理，或是服用温和的药物都能缓解。

喂养不当引发的便秘，你可以这样做

1.添加辅食之前

相比母乳喂养的宝宝，配方奶喂养的宝宝更容易出现便秘。因为配方奶粉的消化吸收负担远远高过母乳，所以在给宝宝冲调奶粉的时候，一定要按照标准，不要过浓（奶粉放太多），不是越稠越健康。

2.添加辅食之后

①初加辅食，确保一次只加一样，保证至少3天的观察期。如果数量和种类过多，就可能加重宝宝的肠胃负担。

②多吃一些富含膳食纤维的食物。高纤维的蔬菜有豌豆、西蓝花、大豆等；能促进排泄效果的水果有西梅、梨、桃、杏、菠萝等；还可以加一些高纤维谷物以及全麦面包。另外，亚麻籽油也是

一个不错的选择，6个月的宝宝每天一茶匙，1~2岁的宝宝每天一汤匙，对治疗便秘有好处。

③减少米饭、土豆、香蕉以及非高纤维的谷物食物。看到这儿，好多妈妈要站出来质疑了，香蕉不是可以通便吗？其实这是一个误区，美国儿科学会通过研究表明：便秘的孩子尽量少吃米饭、香蕉以及非高纤维的小麦或面包。西尔斯也提过：给便秘宝宝参考，少吃容易造成便秘的食物，大米、白面包、婴儿米粉、香蕉、苹果、煮熟的胡萝卜、牛奶和奶酪都是可能导致便秘的食物。当然，食物对宝宝的影响个体差异很大。

④多给宝宝喝水。虽然光靠喝水不能彻底解决便秘，但是身体缺水肯定会导致便秘。如果宝宝不喜欢喝白开水，可以用水稀释西梅汁试试，西梅汁通便效果极好。

作息不规律引发的便秘，你可以这样做

除了饮食结构的因素，2~4岁的宝宝便秘高发的一个原因，是没有养成良好的排便习惯。当他们有便意的时候，往往不会马上去厕所，而是要家长提醒后才去。尤其是在玩得高兴或是不方便排便的情况下，还会下意识地憋住大便。大便在肠道内滞留时间长了，肠道适应了大便的张力，便意就会消失了，孩子等于错过了这次排便时机。久而久之，大便会在肠道内逐渐积累，水分逐渐被肠道吸收，大便会变得越来越硬，孩子想排时会发现排便困难而选择不拉，这样就会形成恶性循环。所以，平时家长要固定一个时间让宝宝排便。

1岁半左右，就可以进行如厕训练，每天都让宝宝在马桶上坐一

会儿。给孩子一本书或一个玩具，让他放松下来。鼓励孩子坚持坐在马桶上，一直到排便成功，或者坚持到15分钟。如厕的时间一般选择在清晨起床后，或是餐后10分钟比较好。因为胃内进食5~10分钟后，肠道的收缩活动能促使粪便的推进，并产生便意，这个时候训练孩子自主排便，通常比较容易成功。如果孩子做到了，记得夸奖他；如果没做到，也应该鼓励他。

肠道菌群失衡引发的便秘，你可以这样做

我们这个年代，养孩子过于干净，带孩子讲究点儿不是坏事，但是过分干净却适得其反。太干净也是便秘的一个原因，环境太干净会阻碍肠道正常菌群的建立。

生活中最好不要使用消毒剂，玩具没必要用酒精擦，玩脏了以后，只需要用流动的水清洗就好。公共餐椅、换尿布台也不需要用酒精消毒，只要记得饭前、饭后、玩完公共玩具后给宝宝洗手。

另外，不要轻易给宝宝服用抗生素。抗生素杀灭细菌的时候可不管你是好细菌还是坏细菌，如果滥用，对肠道有益的益生菌也会被误杀，一旦菌群失衡，便可能引发腹泻、便秘等症状。针对菌群失调引发的便秘，在咨询儿科医生后，可服益生菌和纤维素制剂（乳果糖口服液等）。

关于便秘的其他事宜

1.平时一定要保证宝宝的活动量

大孩子要求多加入一些户外运动，小宝宝则多鼓励爬、坐、翻、

走，即便只能躺着的小婴儿，也建议多做一些婴儿操和腹部按摩。

2.必要时借助药物——开塞露

C爸虽然是医生，但是我们非常反对盲目用药，所以开塞露也从没给CC用过。但是如果便秘的情况严重，宝宝痛苦不堪，还是建议使用开塞露。开塞露目前是治疗便秘最常用的药物，成分主要是甘油，挤入肛门内很快就可以刺激排便。虽然目前来讲，开塞露本身对人体无害，但还是不建议频繁使用，因为它治标不治本，并不能从源头解决问题，长期使用容易形成心理依赖。

3.注意不要过量补钙

钙摄入过多，比如，配方奶粉喂养的同时仍在补充钙和维生素D等微量元素和矿物质，不能被吸收的钙与肠道内的脂肪结合形成钙皂，阻塞肠道，也容易引起便秘。

本文观点参考：《美国儿科学会育儿百科》《崔玉涛图解家庭育儿》《西尔斯亲密育儿百科》

手足口病和疱疹性咽峡炎如何区分

根据历年的发病规律，5~7月是手足口病和疱疹性咽峡炎的高发期。但4月份就会有不少宝宝中招！2008~2015年，我国共报告手足口病约1380万例，重症病例约13万例，死亡3300多例。手足口病就够闹心了，有的妈妈还看到相关文章说疱疹性咽峡炎比手足口病还严重，就更加紧张起来。疱疹性咽峡炎与手足口病到底都是什么疾病？

病原

1.共同点

柯萨奇病毒是导致疱疹性咽峡炎和手足口病的主要病原，导致疱疹性咽峡炎的主要是A1-6，8，10，22亚型，导致手足口病的主要是A16亚型。

2.不同点

手足口病的病原除了柯萨奇病毒A16型（轻型或普通型的手足口病多由柯萨奇病毒引起，约占总发病的95%），比较常见还有肠道

病毒71型（简称EV71，危重型的手足口病都是由此病毒引发）。因为EV71对于中枢神经系统有极高的感染性，所以EV71引起的手足口病易合并脑炎及其他并发症，严重者会导致死亡。但EV71所导致的手足口病在总发病中比较少。

而疱疹性咽峡炎的病原，除了柯萨奇病毒A1-6，8，10，22亚型，还可由肠道病毒、疱疹病毒等引起。妈妈们不必费心记这些拗口的病毒名字，因为大部分病毒，没有针对性的药物可治疗，也没有针对性的疫苗可预防（EV71除外）。

症状

1.共同点

两种疾病初期一般都伴有发热。小朋友的口腔、咽部可见到疱疹、溃疡。因二者临床症状有相似之处，所以在疾病初期——当手足未出现皮疹前，手足口病可能会被诊断为疱疹性咽峡炎。

2.不同点

手足口病：大多数手足口病发热不高，热程1~2天；口部疹子、溃疡位置偏口腔前侧（唇部）及口周；同时伴发手足皮疹（所以称为手足口病），有的宝宝臀部也可看到红疹。极少数宝宝会引起心肌炎、肺炎、脑炎等并发症。个别由肠道病毒71型引起的重症患儿如果病情发展快，可导致死亡。

疱疹性咽峡炎：重症起病急，高热起病，体温可达39℃~40℃或更高，约2~5日后下降，还有的宝宝发热的时间更长，体温特别高时甚至会发生高热惊厥；宝宝烦躁哭闹明显，有的宝宝还会呕吐及腹泻。轻症宝宝仅有1~2天的轻中度发热。

咽峡充血特别明显，多集中在咽峡部，疱疹直径1~2mm，周围有红晕，2~3天破溃为白色溃疡，疱疹与溃疡常同时存在。宝宝常表现为拒食、拒水，小婴儿口水明显增多。

疱疹性咽峡炎初期自查方法：CC第一次发热是在6个多月的时候，就是因为疱疹性咽峡炎。起初我们以为是幼儿急疹，但最后从她咽部查看到了一个2mm左右的溃疡。疱疹性咽峡炎一般都长在咽峡位置，去医院检查的过程真的挺难受，要生生地掰开嘴抵住舌根。小宝宝一般都会哭得歇斯底里，心疼孩子的话，能自查的尽量在家自查。可以等宝宝睡着之后，一名家长将孩子抱在怀里，让孩子的脖子枕住一侧胳膊，尽量让孩子头部向后仰，仰到一定程度嘴巴就会自动张开。另一只手用棉签轻轻抵住舌根，另外一名家长配合打光。如果咽部有充血、红肿或是疱疹、溃疡，都能一目了然。掌握了这个技能，平日孩子不明原因的发热或是口水增多，都可以先在家自查，而不必慌乱就医。

两种病，到底哪种更重

多数手足口病病情轻微，中低度发热，热程1~2天，伴发手、足、口周皮疹。只有极少数肠道病毒71型引发的手足口病会病情发展快，甚至导致死亡。

疱疹性咽峡炎高热及高热持续3~4天的比例远远多于手足口病。所以从某种意义讲，疱疹性咽峡炎比手足口病更严重一些，病程普遍长一些，孩子咽部的疼痛感也更强烈一些。

治疗

1.共同点

疱疹性咽峡炎和手足口病虽然听起来很严重、很吓人，但是很遗憾，它们依然是自限性疾病。即便是吃药治疗，也没有更大的帮助，等待自愈对孩子来说是最不折腾、最好的方式。就算病毒是用生命在捣乱，它们一般也就只能蹦跶7天，最长10天，短的2~3天就可自愈。若是体温太高，可以适当给孩子吃点退热药物。

2.不同点

手足口病：重症手足口病有很小的比例会发生脑膜炎、心肌炎等很严重的情况，一些很危重的病例甚至可能危及生命，早期发现并及时送医非常重要。如果宝宝在3岁以下，家长要特别注意，在刚发病的几天里，如果有持续不退的高热、精神萎靡或者烦躁、睡眠过程中一惊一跳、呕吐等症状，请立即带孩子就诊。如果医生怀疑孩子有脑膜炎，可能要做腰椎穿刺，请不要抗拒，听从医生的安排。重症无法预防，恐慌也无济于事，发病之后，谨遵医嘱。

疱疹性咽峡炎：一部分患疱疹性咽峡炎的孩子病情比较重，高热持续不退。高热时，要积极予以退热处理，以免引起高热惊厥。

护理

看完这些，是不是觉得可以舒口气了？再来看看对两种疾病的护理及预防。孩子得病先不用急着给孩子做诊断，因为疱疹性咽峡炎和手足口病的处理原则基本一样。

　　患疱疹性咽峡炎的孩子咽喉部会很疼，可以多喂孩子凉白开，因为白开水对病变的咽喉部刺激最小。如果宝宝拒绝喝白开水，为保证液体量，也可让孩子喝果汁，但特别酸或特别甜的果汁如橙汁、西瓜汁最好不让孩子喝，否则会刺激咽喉部而产生非常严重的疼痛。可以喂宝宝一些有营养且易消化的流质或半流质食物，如菜粥、面条汤。如果真的费劲，冰牛奶也是不错的选择，既可以保证营养供给，也可增加液体摄入量。皮肤瘙痒可外用炉甘石洗剂，如果疱疹破溃，可以在医生指导下使用一些外用的药物。

　　其实手足口病每年均有发病，并不是近几年才有的疾病。在2008年安徽阜阳出现手足口病危重症病例及死亡病例之前，疾病预防控制中心（CDC）并未将手足口病列入传染性疾病中。即便在儿科门诊中重症手足口病也并不多见，就是因为绝大多数患手足口病的孩子病程短，病情轻微，并发症非常少，可以自愈（就跟感冒一样）。所以也不必一听手足口病就恐慌，因为恐慌也没用，越是这个时候越考验家长的意志。自限性疾病，即便医生也帮不上什么大忙，只能靠父母的精心护理和耐心等待。

宝宝莫名哭闹，看看是不是因为胀气

你有没有羡慕过，为什么别人家的宝宝吃了睡、睡了吃，怎么看都是一片岁月静好。当你不知道宝宝为何莫名哭闹的时候，就是时候了解一下被无数妈妈忽视的胀气了。

先来看看胀气宝宝的日常表现：

· 宝宝总是抬高胳膊和腿；

· 宝宝经常攥紧拳头；

· 宝宝好像很不舒服地扭动；

· 宝宝没事就哭闹；

· 宝宝没事就放屁；

· 宝宝没事就打嗝。

如果你家宝宝上述全中，很可能他真的是一个胀气宝宝。

该如何缓解宝宝胀气

1.给宝宝做骑脚踏车运动

把宝宝平放在床上，抓住他的双腿做骑脚踏车的运动，帮助他排出肠道内的气体。整个过程要尽可能地轻柔，以免伤到柔软的宝宝。一边做运动一边跟宝宝说话，可以分散他的注意力，也能减轻胀气的痛苦。

2.让宝宝多趴

每个宝宝都应该通过多趴来锻炼头部、颈部、肩部的肌肉，并促进运动技能的发育。多趴的额外功效就是可以帮助宝宝排出聚集在胃部的气体。如果宝宝不愿趴在床上，可以让他趴在你身上。CC基本就是这么过来的，每次趴睡都睡得格外安稳。趴的时候要确定宝宝清醒，而且有人看护；刚吃饱奶不要趴，以防吐奶；每天保证宝宝趴在床上或是你的腿上至少20分钟，如果胀气严重或者宝宝对趴不反感的话，可以延长时间和次数。

3.帮宝宝按摩

按摩不仅能疏散宝宝腹部的气体，还能起到安抚的作用。让宝宝脸朝上躺在床上，顺时针按摩腹部，可以结合刚才提到的骑脚踏车运动。

4.裹襁褓

研究表明，裹襁褓可以缓解婴儿胀气。如果你的宝宝不到两个月，裹襁褓除了缓解胀气，还能给他带来极大的安全感。要严格按照安全指南裹襁褓，避免婴儿猝死综合征和窒息。

5.飞机抱

用双手抱着宝宝的腹部，轻轻摇晃或走动，有助于排出胀气。上上下下或是左左右右的摇晃方式都不错，但是动作不要太猛，幅度不要太大。

6.暖敷

用瓶子装温热的水（注意水温），裹上毛巾放在自己的肚子上，再让宝宝趴在上面；或是用吹风机吹热一条毛巾，将其搭在宝宝的肚子上，也要注意温度。

7.使用药物

如果宝宝实在因为胀气闹得厉害，可以使用西甲硅油。该药为纯物理作用，没有什么副作用，但吃多了会影响奶的吸收。注意是只有哭闹时才建议用，一般5分钟就能看到效果，但也不见得每次都能有效。因为药物的工作原理只是把大气泡打碎成小气泡，使它更容易排出体外，而不是彻底地消灭宝宝肚子里的气。

如何预防胀气

1.不要在宝宝哭的时候喂奶

边哭边吃会导致宝宝吞下大量空气。而且频繁地喂奶会让宝宝吃到很多富含乳糖的前奶，也会加重肠胃负担，使肠胃得不到休息，这些都会让胀气更加严重。对于胀气的宝宝，更需要留意他哭闹的原因。如果宝宝哭是因为他饿了，那就不要等到宝宝很饿的时候再喂，试着比平常提前一点点。

2.使用防胀气奶瓶

一般来说，使用奶瓶的宝宝更容易胀气。尝试不同大小和类型的奶瓶和奶嘴，一般奶瓶倾斜30~40度可以让空气全上升到瓶子的底部，如果奶瓶里剩的奶太少容易吸空就不要再让宝宝喝了。

3.调整喂奶姿势

母乳宝宝不会像奶瓶那样有吸空的情况，但是如果喂奶姿势不当，依然会引起胀气。喂奶的时候尽量让宝宝的身体倾斜45度，让宝宝含住乳晕，喂完宝宝竖抱一会儿。

4.喂奶之后拍嗝

拍嗝是防止胀气最有效的方式，可以防止气泡的形成。正确的拍嗝姿势：竖抱宝宝让他趴在你的肩膀上，五指并拢呈空拳，由下至上轻拍他的背，或是由下往上捋。

5.避免胀气的食物

如果宝宝胀气，母乳妈妈应避免食用容易引发胀气的食物，如花椰菜、甘蓝、卷心菜、洋葱等蔬菜，以及牛奶、冰激凌、奶酪等奶制品和豆制品。

很可能你做了上述所有的努力，宝宝还是拒绝安抚，哭闹不止。但是，胀气没有更好的特效方法，只能熬着。当无论你做什么都不能缓解宝宝哭闹时，尽管这种挫败感会让你很崩溃，但这无关你带孩子的能力，胀气宝宝生来就是修炼父母的。等到宝宝2个多月，胀气基本就自动消失，最长的4个月会完全消失。

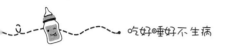

如何区分宝宝是肠绞痛还是正常哭闹

我一度认为CC肠绞痛的日子，就是我带娃最黑暗的日子。我记得非常清楚，就是从满月那天开始，CC一到傍晚就开始哭。很多过来人跟我说，小孩子都这样，出了满月就开始调皮了。但是她们没有告诉我，不是所有的孩子调皮的方式都是从黄昏6点一口气儿哭到半夜11点，并且连续几个月不间断。

那时候每天傍晚看着时针快要转到6点的时候，我的心情就开始紧张。时间一到，伴随着CC的哭声，心里也发出一声绝望："又来了……"每天晚上都是这样：一家人轮流抱着她，她从一个房间哭到另一个房间。整栋楼甚至整个小区，都要忍受她的哀号。如果说出了月子之后有什么事值得我崩溃到失声痛哭的，大概就是这件事了。我痛恨自己束手无策的无能，也讨厌CC这样没完没了的哭闹。我做错了什么？为什么要给我一个这样难带的孩子？如果你没经历过整整3个月几乎每个傍晚宝宝长达4小时歇斯底里、怎么哄都无法安抚的哭闹，我想你不会明白我当时的绝望和无奈。

也许你会好奇，为什么不立马抱去看医生？

肠绞痛的孩子是这样的：除了闹的那段时间，别的时候表现都不错，吃奶、大便都正常，大运动、精细动作都达标，生长曲线也很完美，没有任何异常。而且所有过来人都会跟你说，这太正常了，这种宝宝就是格外调皮，以前都管他们叫"夜哭郎"，大点就好了。甚至还会有迷信的长辈，推荐你去给孩子"压压惊"，因为肠绞痛发作的时候宝宝表现得异常痛苦和狰狞，之后又像没事人一样。我不迷信，所以后来我们去过几次医院。

对于肠绞痛，父母最痛苦的大概就是我们始终不能放心地认为它就是肠绞痛，连医生也不敢确诊，没有检查和病理证据做支持，仅凭症状，他们只能说"也许是"。所以我们始终放不下另一层顾虑：是不是还有尚未发现的其他疾病原因？只有真的过去之后，我们才敢舒一口气：原来真的只是肠绞痛。

如何区分肠绞痛与正常哭闹

肠绞痛即肠痉挛，常见于0~5个月的宝宝。发病时，宝宝会出现无法安慰和控制的哭闹。如何判断是肠绞痛还是正常哭闹呢？

1.看月龄

肠绞痛一般在宝宝出生2周（早产宝宝可能会推迟）后出现，一般3~4个月会停止。

2.看发作时间

几乎每天都在特定的时间段（尤其傍晚或凌晨）发作。那时候CC姥姥大概每天傍晚6点钟过来，基本每次乘电梯时能听到CC开始哭，几乎跟时钟同步。

3.看哭闹时间

每天哭闹超过3小时，每周有3天以上，且这种情况持续3周以上，肠绞痛的可能性很大。所以，不要一听宝宝哭闹多就觉得是肠绞痛，也许第一个条件就能排除是肠绞痛哦。

4.看症状

①不能被安抚

宝宝在没有明显生病表现的情况下，出现无法控制、无法安抚的烦躁和哭闹，基本上家长做什么都不能完全止住。也许越喂奶哭得越厉害，而且逗哄、抱着溜达都没有效果，直到几小时之后，体能耗尽沉沉睡去才算作罢。

②其他时间精神状态良好

除了发作期间，白天以及其他时间都没有出现精神萎靡或无精打采的状态。

5.哭声异常

虽然说哭是小宝宝的常态，但是肠绞痛的哭是非常不一样的，比饿了、困了、拉了、尿了的哭声更急促、更尖锐，与其说是哪里痛，不如说是一种情绪的发泄。宝宝哭闹时蜷缩身体、双手握拳、腹部肌肉收紧，就像是突然被人掐了一把，或者突然被什么吓到一般。

大约40%的婴儿会出现肠绞痛，这在医学界依然是个谜，没人知道引起它的具体原因，也没人知道为什么有的婴儿会出现，而有的不会。除了哭闹，无论做什么检查，都查不出任何器质性的病变。

对于肠绞痛的宝宝，看护人可以做些什么

随着年龄的增长，肠绞痛会慢慢停止，90%的宝宝会在4个月的时候恢复正常，只有很小一部分会持续到5个月。尽管肠绞痛的宝宝发作的时候哭得痛不欲生，但是肠绞痛并不会影响宝宝的身体健康。而且研究发现，婴儿期出现肠绞痛的孩子，长大后和其他孩子在行为发育和智力发展上没有明显差异，也不会比其他孩子有更高概率出现其他类型的疾病。但遗憾的是，肠绞痛无法治愈，唯有时间。

目前没有任何针对性的有效的治疗方法。不过，世界各地的人还是发明了很多"也许可以减轻或缩短哭闹时间的方法"来缓解肠绞痛症状。大家不妨逐一尝试，看看哪种对你家宝宝有效果。

1.用暖水袋热敷肚子

用瓶子装温热的水（注意水温不要太热），并裹上毛巾放在自己的肚子上，让宝宝趴在上面。

2.利用白噪声

白噪声很适合安抚新生儿，吹风机、吸尘器、电风扇等发出的声音可以唤起宝宝在子宫里的感觉，会起到适当的安抚作用。

3.换个姿势抱宝宝

有的时候变换姿势可以在一定程度上降低哭闹的程度。比如竖抱、超前抱、飞机抱……可以尝试各种姿势，看哪种比较有效。

4.轻微的摇晃

使用摇篮，或者用背带背着宝宝在室内走动，有节奏的颠簸可以让他镇定并入睡。注意不要剧烈摇晃，上下颠的幅度也不宜过

大，避免"婴儿摇晃综合征"。

另外，开车兜风也是一个不错的方法，汽车开动时的摇晃、声音、震动对宝宝的肠绞痛有很好的舒缓作用。当然，这不是长久之计，毕竟没人会每天在路上兜三四小时的风，不过还是可以偶尔尝试的。

5.换个新鲜的环境

如果天气允许，抱出去试试呢？有时候新环境可以分散他的注意力。

6.安抚奶嘴

吸吮总是能带给宝宝安全感，帮助宝宝镇静。如果宝宝拒绝喝奶或者已经喝饱了，可以试试安抚奶嘴。

7.按摩帮助排气

哭闹会让宝宝吸入大量的气体，很容易引发或加重胀气，所以可以帮助宝宝做一些运动帮助排气。

8.试试益生菌

有研究表示，肠绞痛有可能是肠道内菌群不平衡，服用益生菌可以改善肠绞痛，但是目前证实它只对一部分肠绞痛宝宝有作用。

父母最应当调整的是心态。肠绞痛本身不是最糟糕的，最糟糕的是它让新手父母产生深深的自我怀疑：全世界都向你献策，公说公有理、婆说婆有理，但最终就是无解；造成家庭矛盾和养育环境紧张；长期抱哄造成的作息混乱，让孩子养成各种睡眠坏习惯。但是肠绞痛的宝宝不能被安抚，不是妈妈的错，它无关你带孩子的能力，不需要过度自责，也不必在乎别人的指责。不要让每天发生的一小段糟糕经历，演变成你带娃的主旋律。

　　只要你在安慰他，就是在帮助他了。肠绞痛的宝宝注定需要看护人付出更多的精力去陪伴他度过成长路上的这一劫难。肠绞痛宝宝的父母，都需要多一些耐心和坚持。我最大的遗憾就是在CC肠绞痛最初的那些天，听信了过来人的话，认为是她很调皮，其实她比任何人都不容易。很想跟那时候的自己，以及任何正在经历和经历过肠绞痛的父母说一句：不要觉得委屈和倒霉，上天真的没有给你一个很糟糕的孩子。

最闹心的鹅口疮，反反复复难以根除

你家宝宝的舌头怎么这么白，一定是有火，赶紧多喂水吧。

宝宝怎么有口气啊？我表哥的堂弟家的小外甥也是一直有口气，后来去查才发现是缺某项微量元素，你也带着去看看吧。

宝宝嘴里有白块啊，这是鹅口疮吧？这个反反复复很难治的，我有个朋友的孩子就这样，后来得了白血病。

……

对于新手妈妈，听到身边的七大姑八大姨以及小区大妈这些简单的你一言我一语，真能被吓死。为母的本能，让我们不敢无视风险，只得草木皆兵。宝宝嘴巴里那点事，有些全不如你想的那样严重，但是有些也确实不容忽视。

宝宝有口气是上火吗

有的妈妈说偶尔靠近宝宝跟他说话，发现以前的奶香变口臭了。小区大妈都说宝宝这是上火了，是真的吗？宝宝有口气，通常有这样几个原因。

1.口腔清洁不当

如果宝宝口腔里有积奶，或积存的食物残渣，或塞于牙间隙和龋洞中的食物腐烂发酵，那么很自然就会产生异味或臭味。

美国儿童牙科学会建议，宝宝长出第一颗牙就要刷，如果长出两颗牙齿（相邻），就要开始使用牙线。即便乳牙还未萌出，也应该每日为宝宝清洁口腔。每天早晚各一次，用纱布裹在手指上蘸取温水擦拭，横向刷牙龈、口腔黏膜以及宝宝的舌头。当宝宝长齐8颗前牙之后，就会开始出磨牙，这个时候就要开始用牙刷了。刷牙是维护口腔清洁、预防口腔异味以及龋齿最简单有效的方法。

2.喂养不当

如果宝宝过早添加辅食、吃得太多，或零食摄入过多，或饮食不均衡时，会加重肠胃的负担，造成消化功能紊乱和消化不良。孩子就会表现出厌食、口臭、便秘等症状。妈妈们平时给宝宝的食物最好能做到营养均衡且易于消化。此外，零食不要过多，也不要吃得过于频繁，给胃肠道一些休息的机会。

3.口腔干燥

水和唾液在口腔中起到滋润、清洁的作用。如果宝宝喝水少，或是因为疾病原因导致口腔干燥（比如鼻塞需要用嘴呼吸），那么一旦口腔中的水和唾液供应量不够，就会影响机体自我清洁的效果，细菌分解繁殖的速度也会加快，口腔就容易产生异味。所以，在天气干燥的季节，妈妈们要监督宝宝勤喝水，保持口腔内部湿润。

4.其他疾病

当宝宝患有扁桃体化脓、鼻炎、鼻窦炎、气管炎、肺炎、支气管扩张时，呼出的气体也会带腐臭味。

舌苔发白、有白块是疾病吗

即便是完全健康的宝宝的舌苔，和大人的相比，也会偏白、偏厚。因为宝宝新陈代谢更快，舌头表层的皮肤角质也会更多，而宝宝又没有牙齿和固体食物把舌苔磨掉。如果是舌苔过于发白的宝宝，一般有以下两个原因。

1.奶渍残留

常见于小月龄的宝宝，如果宝宝总是吃着睡着，就容易有残留。可以用之前提过的清洁办法，用蘸水的纱布每天早晚各擦拭一次；或是让宝宝喝完奶之后喝点水，保持口腔清洁，以防滋生细菌。

2.鹅口疮

鹅口疮是由真菌感染引起的，大部分是出生时从妈妈的产道或后期喂养时从消毒不彻底的喂养器具等处被真菌感染引起的。另外，营养不良、身体衰弱，或是服用过抗生素的宝宝也很容易感染这种疾病。

怎样区分奶渍残留和鹅口疮

鹅口疮会长在舌头、牙龈、软腭等各处，基本是除了牙齿之外的一切地方，形状很像一块块（也有一点一点、一片一片的）补丁。

如果用棉签擦拭，很容易就能擦除的就是奶块；相反，怎么蹭都很难蹭掉，若强行擦去白色斑膜，缺失的地方会呈现红色创面，甚至轻微出血的，就是鹅口疮。

鹅口疮如何治疗

一般情况下，鹅口疮不会对宝宝造成什么伤害，大多数宝宝吃奶进食都比较正常，是无须治疗的。随着宝宝消化系统菌群的逐渐成熟，鹅口疮会在几个星期之内自行消失。但如果控制不当，引起感染面积扩大，会导致宝宝嘴巴痛，严重的还会影响进食。宝宝常常因为吃奶大哭，建议带宝宝去医院做详细检查并治疗。

如果是母乳喂养，妈妈也要配合治疗。因为真菌会在妈妈和宝宝之间交叉感染，来回传递。已经被传染的妈妈可能会出现乳头疼痛、微微发红，皮肤略微发胀、变干、脱皮，还会发痒、发烫，喂奶之后感觉乳头内部隐隐作痛。

怎么防止鹅口疮反复呢

鹅口疮最闹心的地方就是，反反复复，难以根除。

1.对于患过鹅口疮的宝宝

每次进食完毕再喂点水，可以冲去大部分的食物残留。对宝宝使用的玩具、餐具进行彻底消毒并定期消毒，建议高温蒸煮而非使用消毒剂。

2.对于被传染过的宝妈

把穿过的所有文胸都用沸水消毒。哺乳前后都要做好乳头的清洁工作，平时注意个人清洁。

　　小小的一张嘴巴里，竟也能生出这么些么蛾子。但是没事别怕吓唬，有事也别含糊。孩子再小的事，在爸爸妈妈眼中都是天大的事。有的时候关心则乱，面对好心人的建议，咱们尽量保持理性思考，别听见什么坏事都往自家宝宝身上联想，绝大部分的宝宝都会平安健康地长大。

　　本文观点参考：《DK家庭医生》《西尔斯亲密育儿百科》《美国儿科学会育儿百科》

秋冬季节如何给宝宝护肤

天干物燥，宝宝各种皮肤问题也都冒出来了。都是过冬，为什么宝宝的问题就这么多呢？

简单来说就是：皮肤嫩！宝宝皮肤的角质层比大人要薄得多。6个月之前，宝宝受胎儿期从母体得到的生长素的影响，皮脂分泌旺盛。而皮脂就等于一层天然的润肤霜，可以防止水分的蒸发和外界有害物质的侵入。但6个月之后，皮脂的分泌量就会减少，皮肤就容易缺水干燥。

另外，婴儿每天的出汗程度相当于成人的3倍（身体小，但汗腺的数量却和成人一样多），而汗液中的盐分容易刺激皮肤，使皮肤粗糙干燥。一干一裂，各种过敏原、细菌、病毒、微生物就趁机侵入，各种皮肤问题也就接踵而来了。

冬季宝宝该如何护肤

最重要的自然还是保湿，但又绝不仅仅是涂点润肤霜那么简单。

首先，一到冬天就常常看到有小朋友脸蛋干燥、起皮起皱、发

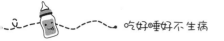

红但没有光泽，严重的甚至皲裂。这种情况其实最好解决，做好上述的保湿工作基本就行。

冬季给宝宝洗脸也不要太勤，清水洗就可以。最好不用洗面奶，过早地给宝宝使用洗面奶，容易因清洁过度产生过敏。另外，不要让宝宝长时间待在户外，从户外回来之后，不要为了恢复小手的温度而立马用热水洗手和脸。冷热刺激皮肤，很容易生冻疮。正确的做法是等宝宝的手和脸自然变暖和之后，再用温水洗。

进入秋冬季节后，洗澡别太勤。建议给宝宝泡澡，但是不需要每天冲澡，一周2~3次就足够了。水温也不要太高，37℃~40℃适宜，提前将浴室加热，20℃左右为最佳。不要每次都用沐浴露，热水和沐浴露都容易把保护皮肤的油脂洗掉，如果用也尽量避免含有皂类的洗浴产品，因为皂类产品会让皮肤更加干燥。洗完澡之后用纯棉浴巾或纱布巾给宝宝轻轻蘸干，一定要趁皮肤还湿润的情况下，尽快抹上保湿润肤产品，锁住留在宝宝肌肤上的水分。

宝宝需要什么类型的保湿产品

常见的保湿产品可以分为三类：油膏，乳霜，乳液。

论推开涂抹的难易程度：乳液＞乳霜＞油膏。论保湿效果，油膏＞乳霜＞乳液。

具体使用起来，一是看季节，二是看具体情况。比如，春夏日常护理使用润肤露，秋冬可以用润肤霜，但是治疗湿疹之类的就必须用乳霜或凡士林。脸蛋已经出现皲裂的宝宝就更推荐乳霜，但是出门时间比较短、出门机会比较少就可以选择乳液。

哪个品牌的保湿霜适合自己的宝宝

知道妈妈们都会问有没有推荐的保湿霜，这个真没有。其实，保湿霜的品牌不重要，只要选择正规品牌、低敏度就可以。使用之前，先在宝宝手臂内侧或耳后涂抹试用，观察是否有变红、出疹、瘙痒、疼痛、起皮等过敏反应，确定没有过敏反应再大面积涂抹。

外部环境问题

除了自身的护理，外部的环境也是一个大问题。开空调的家庭，最好同时使用加湿器。雾霾天气，最好使用空气净化器。贴身衣服一定要穿纯棉的，毛衣、珊瑚绒、摇粒绒、加绒保暖衣等虽然很保暖，但会刺激皮肤，透气性也不好，最好不要贴身穿。另外，肌肤敏感容易长各种疹子的宝宝尤其要注意沐浴露、洗衣剂的选择，敏感肌尽量不要用湿巾，等等。

总之，肌肤问题说起来不是大问题，但桩桩件件都不是省油的灯！不管孩子有哪里不舒服，妈妈也不能好过，所以琐碎的秋冬皮肤护理攻略还是操练起来吧！

湿疹、热疹、玫瑰疹，拎不清的各种小皮疹

常有妈妈问宝宝身上那些莫名冒出来、让人看着就烦的小疹子到底是什么？妈妈们傻傻分不清楚，明明是过敏，错认为是捂热了，明明只是粉刺却当痱子治。小宝宝们常见的几种皮疹，一般就是湿疹、口水疹、热疹、新生儿粉刺、幼儿急疹这几大类。

湿疹

好像宝宝身上只要一出现不明疹子，妈妈们第一个就想到湿疹。

湿疹几乎不分季节，但北方供暖后的冬季也是一个高发期。

目前的研究认为，皮肤屏障功能障碍是导致湿疹的主要原因。皮肤屏障起着保持水分、阻止有害物质侵入皮肤的作用。一旦皮肤的屏障发生故障，刺激物、过敏原或病原体就会进入肌肤，引发机体的过敏反应。

先来看看如何鉴别湿疹：始终不明白，湿疹为什么叫湿疹，因为一点也不湿，反而很干啊！湿疹患处的皮肤干燥、呈连片状、有脱屑，严重的会有小裂口伴有渗水，有明显痒感。同样，引起湿疹的原因自然也不是皮肤或是环境太湿。

湿疹的主要原因很难明确，主流观念是过敏，一方面来自遗传，另一方面因为宝宝自身免疫系统不成熟。目前没有可以根治湿疹的药物，但是宝宝2岁之后会自动缓解，一半的宝宝5岁以上就会自愈。

处理湿疹，最重要的就是做好皮肤的保湿工作。

对于轻度湿疹，只需要润肤就可以治好，不需要用药。因为干燥就会引起皮肤的小裂口，变应原就会乘虚而入，引发机体的过敏反应。所以，最有效的方法就是通过保湿把裂口堵上，恢复皮肤对人体的屏障作用。润肤霜的种类不重要，只要选择低敏度就可以。重要的是用量，患轻度湿疹的宝宝，要大量涂抹润肤霜。多大量呢？皮肤科专家建议，治疗期7天用250g润肤霜才能达到保湿效果。比如，一支优色林的规格是40g，如果一周想要达到250g，那么一天几乎就要用掉一支！当然，这是治疗期的用量，但是足以说明，平日护理期只跟抹擦脸油似的用那么丁点儿量，显然是不够的。

对于中度、重度的湿疹，妈妈们也不要硬撑，及时就医，医生一般会开激素类药膏，如果有破口流水合并细菌或真菌感染的湿疹，还需要联合使用抗感染的药膏。对于激素，妈妈们也不必过于恐慌，只有大量服用激素才会对孩子产生影响，按医生的指导正确使用，不会对宝宝有什么伤害。

湿疹还会不断反复，所以要做好打持久战的准备，平时给孩子穿纯棉质地的衣物、洗热水澡的时间不要过长、避免辛辣食物刺激、避免汗液浸润等。

口水疹

对于还在流哈喇子的小宝宝而言，冬天绝对是一个难过的季节。嘴里流下一口哈喇子，小风一吹，伴随而来的就是口水疹了，嘴巴周围的皮肤会发红、粗糙、红肿，严重的还会出现小裂口、发炎、疼痛。

对于口水疹（类似的还有流鼻涕），最好的解决办法还是保持干燥加上局部隔离。保持干燥的方式就是及时擦拭。不管鼻涕还是口水，要轻轻地蘸干，蘸干比擦干更不伤害娇嫩的皮肤。局部隔离就是提前给宝宝涂上一层保护膜。鼻子周围可以抹凡士林，隔离效果很好。

嘴巴周围考虑到宝宝会舔，最好涂抹香油或者橄榄油。出门回来之后，再补一层还能有效保湿。很多小宝宝不配合，可以在吃奶或睡着后再抹。

热疹

热疹俗称痱子，新生儿的痱子好似从来不分季节，冬天把孩子包成粽子，捂出痱子的也不在少数。或者有的家庭怕孩子冷，取暖设备（电暖气、空调）都一起开，搞得跟蒸桑拿一样，也容易捂出痱子。越小的孩子越不能捂，因为他连反抗的机会都没有。捂出痱子是小事，出现捂热综合征（婴儿缺氧、高热、大汗、脱水、抽搐昏迷甚至呼吸衰竭）可是大事。判断孩子冷热，摸颈部和后背温暖无汗是比较标准的方式。

痱子是因为环境闷热，导致宝宝出汗，汗液刺激皮肤就会出现凸出皮肤表面的颗粒样丘疹，皮疹消退后有轻度的脱屑。

湿疹前期手指摸上去粗糙有颗粒感觉，后期粗糙发干，严重时会有皲裂；痱子手指摸上去基本是平滑的。湿疹多发于婴儿的面部、耳后等部位；痱子多发于婴儿的多汗部位，如额部和颈部、枕部。湿疹没有明显分界，边界不清，严重者有水疱和渗出，疹子上不会有白色脓点；痱子是界限清晰的颗粒状红色皮疹，严重的皮疹上有白色脓点。

治疗湿疹，除了降温还需保持皮肤湿润。治疗痱子，除了降温还需保持皮肤干燥。妈妈们一定要记好，否则就南辕北辙了。

热疹，显而易见就是热出来的。对策很简单，凉快点儿就好了。把室内温度控制在20℃~27℃，不要捂太厚，以手部温凉、颈部温热为标准来衡量宝宝穿的衣物或盖的被子是否合适。保持皮肤干燥，出汗后及时换衣服。如果热疹严重的话，可以外用一些收敛、消炎的药物（如炉甘石洗剂），注意别让宝宝抓挠皮肤。

新生儿粉刺

新生儿粉刺是来自母体血液中的激素或出生后自身体内激素水平所致，过多的皮脂堵塞毛囊口，迸发出小疙瘩样的粉刺，一颗一颗的，严重时会连成片，宝宝是完全没有感觉的，不会痛也不会痒。

新生儿粉刺一般发生在宝宝出生后数天至满月，最晚也会在3个月后自行消退。

跟湿疹相比，粉刺上面最后都会出来小白头。湿疹是没有白头

的。粉刺一般在满月前后出现，湿疹大多在2~6个月时出现。

痱子多发于褶皱、多汗部位，如额部和颈部、枕部、后背；粉刺主要发生在面颊、额及颏部。痱子丘疹较小，红色白头，摸上去疼；粉刺为小粒白色，更像是疙瘩，摸上去不疼；痱子在温度降下来后会自然消退，粉刺跟温度无明显关系。

幼儿急疹

幼儿急疹也叫婴儿玫瑰疹，6个月~2岁是高发年龄。

疹子为玫瑰色的斑丘疹，压之褪色，持续1~2天后皮疹消退，疹退后不留任何痕迹，虽然看起来严重，但是消退也快。出疹前发热，热退疹出。无须任何治疗，一般持续3天左右后会自然消退（如果体温过高，可适当服用布洛芬或对乙酰氨基酚降温）。与其他疹子最大的区别就是高热持续3天以上，退热后随即出现红疹。

冷暖不定的季节，是孩子各种疾病的高发期。就算生病也不要过分焦虑，能家庭护理的家庭护理，严重的及时就医。

怪不得总是红屁屁，原来护理有问题

毫不夸张地说，当了妈之后，对孩子的屁股比对自己的脸还上心！清洁认真做，护臀霜认真抹，尿不湿都换了好几个牌子，千小心、万注意，一不留神，宝宝的屁股又红了！

为什么小宝宝会红屁屁

红屁屁，也就是医学上所说的尿布疹，指在被尿布覆盖住的部位出现红疹或皮肤炎症，表现形式有的时候是小红疙瘩，有的时候是成片发红。通常有下面几个原因：

1.护理不当

当长时间没换尿布时，尿液、大便和皮肤反复接触，刺激皮肤就会出现皮疹。

2.增加辅食

6~7个月也是宝宝红屁屁的一个高峰期，因为这个时候初加辅食，新食物会改变尿液和大便的成分与pH酸碱度，也容易出现尿布疹。

3.奶粉喂养

喝奶粉的宝宝肛门周围常常有红疹，因为喝奶粉产生的大便中消化酶含量高、偏碱性，更容易对肛门周围的皮肤造成刺激。

4.过敏

有的宝宝天生肌肤敏感，过敏概率大；也有的宝宝对某些洗涤剂、湿巾、尿不湿、尿布（或是尿布上的染料）过敏，进而变成红屁股。

此外，如果宝宝腹泻、服用抗生素也比较容易得红屁屁。得知了红屁屁的种类，妈妈们可以自行分析一下原因。

自我感觉护理得当，为啥没有效果

红屁屁最闹心的地方就是一直反复。很多妈妈都反映红屁屁的护理不就那么几步，感觉护理得挺好啊，为什么还是频频中招？

常规的小屁屁护理程序确实很简单：脱下脏尿布—用清水洗干净—用干布擦干—抹上一层护臀霜—换上新的尿布。如果你的护理效果不明显，也许是因为犯了以下这几个错误：

1.护臀霜使用不当

如果你做了很多，宝宝依然红屁屁，最可能的一个原因就是护臀霜使用错误。更多时候不是护臀霜没效果，而是你的用法不正确。护臀霜的作用原理，其实就是很简单的隔离，把小屁屁和屎、尿隔开。护臀霜的主要成分是氧化锌，氧化锌的作用就是隔绝有害物质，减少屎、尿对皮肤的刺激。所以涂起来一定不能"手软"，要跟刮腻子似的，严严地、厚厚地覆盖住所有小疙瘩或是皮肤发红的部分，确保每一寸皮肤都被隔离保护，屎、尿不能侵入。抹得越严实，隔离的效果才越好。

2.小屁屁没完全干燥

也正是因为护臀霜的隔离功能，所以使用的前提是一定要让小屁屁完全干燥。可以用干布擦完之后再用干净的纸巾吸干；也可以用吹风机暖风吹干，天气不冷的时候可以直接晾干。

3.使用有刺激的湿巾

对于皮肤比较敏感或者尿布疹反复发作的宝宝，最好使用无菌棉球蘸清水（烧开的更好）擦洗，而不是用湿巾。有的湿巾成分复杂，其中某些成分会对宝宝的皮肤有刺激。而且湿巾擦拭之后留有水分，不干燥，如果直接涂护臀霜会影响效果。

已经患了尿布疹，该怎么护理

此外，如果宝宝已经患了尿布疹或总是反复，护理上还应该注意以下几点，不仅能帮助减轻轻度的红屁股症状，还可以预防再次发生。

1.勤换尿布

宝宝得了红屁股之后，尿布要更换得更勤，最好2~3小时一换，每次大便之后换。

2.充分暴露

适当的光屁屁可以使皮疹舒缓，每次换尿不湿之前，可以让小屁屁暴露一会儿。换上新的尿不湿之后，还可以在隔水的塑料膜上戳几个洞，帮助空气进入。

3.控制液体摄入

对于尿布疹严重的宝宝，除了母乳和配方奶，应尽量减少果汁、菜汁等液体的摄入。

尿布疹的其他几个常见问题

1.布尿布和尿不湿，哪个更容易引发尿布疹

这个不能一概而论。理论上讲，布尿布尿湿后，湿布紧贴皮肤，更容易导致尿布疹出现。而且清洗布尿布时通常会用到刺激性的清洁剂，如果不能充分晒干消毒的话，也会造成皮肤感染。但如果可以避免这两个问题，用布尿布也是可以避免尿布疹的。

尿不湿吸水性更好一些，好的尿不湿尿完之后表面一抹没有潮湿感，但如果更换不勤或尿不湿吸水性不好，也有可能患上尿布疹。所以，用什么不是关键，还要看怎么护理。

2.可以用爽身粉代替护臀霜吗

传统的爽身粉大多以滑石粉为主要成分，滑石粉里的石棉成分不够安全，女宝宝最好不要使用。那么新型的玉米爽身粉呢？玉米爽身粉以天然玉米粉为主要成分，安全性更高。但是，如果目标是预防和治疗尿布疹，则不推荐。因为如果尿布疹病程过长，常会伴有念珠菌感染，如果这个时候有玉米粉作为培养基，会让念珠菌繁殖更快。而且爽身粉遇尿易结块，结块之后更容易加重摩擦。

3.红屁屁需要去医院吗

通常市售的护臀霜就可以预防和治疗红屁屁，好好护理很快就可以康复。但是如果有真菌或细菌感染的情况，还是建议就医。在

确诊之前，妈妈们最好不要随意给宝宝涂抹药膏，因为可能引发过敏，让病情更加严重。需要提示的是，对于继发真菌感染的尿布疹，在使用治疗性药膏的同时，仍然需要在涂了这些药之后涂抹厚厚的一层护臀霜来隔离粪便、尿液。

4.有推荐的护臀霜吗

每次回答红屁屁的问题，妈妈们都会问，CC用的什么护臀霜？

如果是预防或是治疗轻度的红屁屁，可以用成分相对天然温和的产品，如优色林、Destine蓝色款（13%氧化锌）等。如果宝宝已经有疹子或者红屁股爱反复，那就建议用含有氧化锌成分较高的护臀霜，如Destine紫色款（40%氧化锌）、拜尔护臀膏。如果红屁屁特别厉害，还有一种很有效果的就是氧化锌软膏。氧化锌软膏主要有氧化锌和凡士林两种成分，对于已经红屁股或者红屁股较为严重破皮的，具有修复、隔离作用。一般医院对于非真菌感染性尿布疹的治疗方式也是涂抹氧化锌软膏，但是这就不属于护臀膏，而是属于药物范畴了，最好遵医嘱使用。

说起来，娃的屁屁还真是娇气。尿布换晚了会红、尿不湿质量不好会红、腹泻会红，添个辅食也要红，不过咱们的宝宝不也正是在这一次次的娇气中才苗壮成长的吗？护理红屁屁并不复杂，即便出现了，妈妈也不必焦虑。